Vivek Joshi
Kiran Rajpara
Upendrasinh Jadeja

Síntese e atividade antimicrobiana de pirazolinas à base de quinolina

Vivek Joshi
Kiran Rajpara
Upendrasinh Jadeja

Síntese e atividade antimicrobiana de pirazolinas à base de quinolina

ScienciaScripts

Cover image: www.ingimage.com

This book is a translation from the original published under ISBN 978-620-2-30826-7.

Publisher:
Sciencia Scripts
is a trademark of
Dodo Books Indian Ocean Ltd. and OmniScriptum S.R.L publishing group

120 High Road, East Finchley, London, N2 9ED, United Kingdom
Str. Armeneasca 28/1, office 1, Chisinau MD-2012, Republic of Moldova, Europe
Printed at: see last page
ISBN: 978-620-8-26123-8

Índice de conteúdo

Prefácio

A procura de novos fármacos antimicrobianos é uma área caracterizada por uma investigação ativa, com o objetivo de ultrapassar o fenómeno da resistência múltipla aos medicamentos. Os azóis constituem membros imensamente importantes da família dos heterociclos aromáticos devido à sua presença numa miríade de produtos naturais bioactivos como farmacóforos privilegiados. Na procura de novas moléculas bioactivas, o desenvolvimento de moléculas híbridas através da combinação de diferentes estruturas num único quadro pode conduzir a compostos com propriedades biológicas interessantes. Tendo em conta as interessantes actividades biológicas associadas aos derivados de pirazolina à base de quinolina, considerou-se útil sintetizar algumas moléculas híbridas que incorporam núcleos de quinolina e de pirazolina.

O objetivo deste livro é fornecer um breve perfil biológico de derivados de pirazolina à base de quinolina recentemente sintetizados. O objetivo deste livro é fornecer um breve perfil biológico dos derivados de pirazolina baseados em quinolina recentemente sintetizados. Este estudo foi realizado pelo Dr. Vivek V Joshi no Departamento de Química da Universidade Maharaja Krishnakumarsinhji Bhavnagar, Bhavnagar (Gujarat). O autor expressa a sua sincera gratidão às autoridades do Departamento de Química da Universidade Maharaja Krishnakumarsinhji Bhavnagar. Esperamos que os leitores possam apreciar este texto e considerá-lo útil nos seus estudos.

Dr. Vivek V Joshi

DrKiran M Rajpara

Dr. Upendrasinh Jadeja

Capítulo 1

Introdução

Âmbito de aplicação do capítulo

Este capítulo apresenta uma introdução à química medicinal, ao significado biológico e às vias de síntese dos derivados da quinolina e da pirazolina

Química Medicinal 1.1 Introdução:

O papel desempenhado pela química orgânica na indústria farmacêutica continua a ser um dos principais motores do processo de descoberta de medicamentos. No entanto, a natureza exacta desse papel está a sofrer uma mudança visível, não só devido aos novos métodos e tecnologias sintéticas atualmente disponíveis para os químicos sintéticos e medicinais, mas também em várias áreas-chave, particularmente no metabolismo dos medicamentos e na toxicologia química, uma vez que os químicos lidam com a rapidez cada vez maior dos dados de ensaio que influenciam as suas decisões diárias.

Atualmente, estão a ocorrer numerosas mudanças na indústria farmacêutica, não só na forma como a indústria é vista, mas também na rápida expansão do conhecimento biomédico e científico, o que afecta a forma como a ciência é praticada na indústria. As recentes mudanças na forma como a química sintética é praticada neste ambiente centram-se em novos avanços científicos em técnicas sintéticas e em novas tecnologias para a conceção racional de medicamentos, química combinatória, síntese automatizada e purificação e identificação de compostos. Além disso, com o advento do High-Throughout Screening (HTS), somos agora confrontados com muitos alvos a serem analisados e muitos êxitos a serem avaliados.

No passado, o fluxo habitual de informações geradas em relação a qualquer novo composto preparado no laboratório de uma empresa de descoberta de medicamentos seguia um paradigma semelhante ao apresentado na **figura I.** Este esquema era motivado pela necessidade de obter primeiro as informações iniciais sobre um composto, antes de decidir se as suas propriedades satisfaziam os critérios adequados e de passar à etapa de avaliação seguinte. Esta sequência linear de acontecimentos, embora poupasse o número de compostos percorridos, significava frequentemente que passava um período de tempo considerável antes de se saber se uma determinada alteração numa molécula era de facto uma transformação útil, ou se era uma alteração que aumentava a potência no ensaio *in nitro* primário, mas que talvez fosse uma desvantagem numa avaliação a jusante. Assim, o atraso na obtenção de feedback adequado para o químico sintético significava que as decisões sobre quais as moléculas a preparar na ronda seguinte de síntese não eram orientadas por dados a jusante. Com o advento de tecnologias de síntese mais rápidas, incluindo avanços nos métodos de ressonância magnética nuclear (RMN), separações rápidas e sínteses automatizadas, o tempo de ciclo para a manipulação da síntese de análogos diminuiu drasticamente. Além disso, no mesmo período de tempo, registaram-se avanços na capacidade de ensaiar compostos, tanto *in nitro* como *in vivo,* a uma velocidade muito maior do que era possível anteriormente.

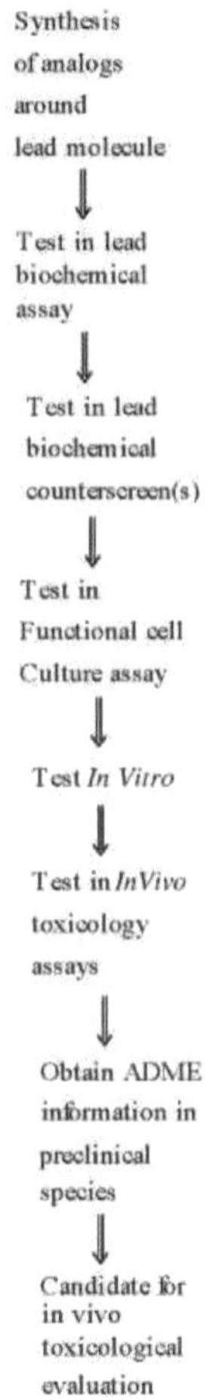

Caminho linear até ao candidato a fármaco, com numerosos circuitos de feedback concebidos para fornecer
informações para a seleção do alvo na ronda seguinte de síntese. **Figura 1**

A maioria dos medicamentos atualmente em desenvolvimento pré-clínico e clínico são combinações de artemisinina (LapDap/Artesunato, Pironaridina/Artesunato, Piperaquina/DHA, etc.) e melhoramentos de compostos existentes, como os antifolatos e as quinolinas (LapDap e Isoquina). Embora se espere que estas classes produzam novos medicamentos a curto prazo, pode argumentar-se que a sua inovação é limitada e que serão necessários mais investimentos na investigação sobre a descoberta de medicamentos para identificar novas classes de compostos.

Depois de um composto ter demonstrado uma eficácia satisfatória num modelo animal, é sujeito a uma avaliação pré-clínica que avalia parâmetros iniciais como o metabolismo do medicamento, a farmacocinética e a toxicidade em animais. Depois de passarem com êxito a fase pré-clínica, as novas entidades químicas podem avançar para o desenvolvimento clínico. Nos EUA, é necessário obter a aprovação de um novo medicamento experimental (IND) da FDA antes de avançar para os ensaios clínicos. Na Europa, não existe o equivalente a um IND, mas estão em curso discussões para o introduzir. O IND passará então à Fase I (segurança e tolerabilidade em voluntários saudáveis); à Fase II (eficácia num pequeno número de doentes); e à Fase III (eficácia numa grande população de doentes); se o medicamento passar as três fases clínicas, é apresentado às autoridades reguladoras para aprovação como novo medicamento.

A descoberta moderna de medicamentos envolve frequentemente o rastreio de pequenas moléculas quanto à sua capacidade de se ligarem a um alvo proteico pré-selecionado. As sínteses orientadas para o alvo destas pequenas moléculas, individualmente ou como colecções (bibliotecas orientadas), podem ser planeadas eficazmente com a análise de retrosíntese. A descoberta de medicamentos pode também envolver o rastreio de pequenas moléculas pela sua capacidade de modular uma via biológica em células ou organismos, sem ter em conta qualquer alvo proteico específico. É provável que este processo venha a beneficiar no futuro de uma análise prospetiva evolutiva das vias de síntese, utilizada na síntese orientada para a diversidade que conduz a pequenas moléculas estruturalmente complexas e diversas. Um dos objectivos das sínteses orientadas para a diversidade é sintetizar eficientemente uma coleção de pequenas moléculas capazes de perturbar qualquer via biológica relacionada com doenças, conduzindo eventualmente à identificação de alvos proteicos terapêuticos capazes de serem modulados por pequenas moléculas.

Os métodos modernos de síntese orgânica aumentaram a eficiência com que podem ser preparadas pequenas moléculas. Estes compostos incluem novos medicamentos e candidatos a medicamentos e reagentes utilizados para explorar processos biológicos. A síntese orgânica em fase sólida, adaptada da síntese original de peptídeos em fase sólida, promete aumentar drasticamente a diversidade e o número de pequenas moléculas disponíveis para aplicações médicas e biológicas.

A evolução da síntese orgânica estereosselectiva da solução para a fase sólida criou desafios estratégicos para os químicos orgânicos, uma vez que proporcionou os meios para sintetizar não só compostos de alvo único ou colecções de alvos relacionados, mas também colecções de compostos estruturalmente diversos. As sínteses orientadas para o alvo são utilizadas em esforços de descoberta de fármacos que envolvem sínteses de proteínas pré-selecionadas, num esforço para identificar simultaneamente alvos proteicos terapêuticos e os seus reguladores de pequenas moléculas. A síntese orientada para o alvo beneficiou de um poderoso algoritmo de planeamento denominado retrosíntese; um algoritmo comparável para a síntese orientada para a diversidade só agora começa a ser desenvolvido. O planeamento de sínteses orientadas para a diversidade tornar-se-á cada vez mais importante para os químicos orgânicos à medida que os métodos de análise de grandes colecções de pequenas moléculas se tornarem mais eficazes.

A síntese orientada para o objetivo tem uma longa história na química orgânica. Nas universidades, os alvos são frequentemente produtos naturais e medicamentos, enquanto nas empresas farmacêuticas, os alvos são medicamentos e bibliotecas de candidatos a medicamentos. A partir de meados da década de 1960, foi concebido um método sistemático para planear sínteses de moléculas-alvo, denominado análise de retrosíntese. Esta técnica de resolução de problemas envolve o reconhecimento de elementos estruturais chave em produtos de reação, em vez de substratos de reação, que codificam as transformações sintéticas. A aplicação repetitiva deste processo permite a um químico sintético começar com um composto estruturalmente simples que pode ser utilizado para iniciar uma síntese.

A síntese orgânica, especialmente a síntese orientada para a diversidade, desempenhará provavelmente um papel vital na descoberta de medicamentos no futuro. A análise retrosintética pode ser utilizada para planear eficazmente sínteses orientadas para o alvo, mas, nesta fase, dispomos de um conjunto incompleto de princípios orientadores para o planeamento de sínteses orientadas para a diversidade. Nesta revisão, o autor delineou alguns conceitos para o planeamento de vias sintéticas que produzem pequenas moléculas estruturalmente complexas e diversas. A identificação de pares de reacções geradoras de complexidade que tenham uma relação produto-substrato única, a utilização da análise conformacional e a utilização de vias de reação ramificadas que permitam que muitos blocos de construção diferentes sejam anexados a muitos conjuntos de átomos esqueléticos diferentes são provavelmente elementos de planeamento úteis. No entanto, a nossa capacidade de planeamento carece atualmente de orientação do nosso conhecimento crescente dos locais de ligação de pequenas moléculas em macromoléculas biológicas. Este conhecimento poderia, em princípio, ser utilizado para restringir as estruturas dos compostos sintéticos às estruturas optimizadas para a ligação. A contribuição de estudos estruturais, biofísicos e teóricos pode, por conseguinte, fornecer princípios orientadores adicionais. A compreensão dos princípios evolutivos subjacentes à seleção das vias biossintéticas e dos seus produtos de pequenas moléculas pode também ser útil. Existem muitos novos desafios, tanto intelectuais como técnicos, para os químicos orgânicos sintéticos que se dedicam à síntese orientada para a diversidade. Trata-se de um terreno fértil para os químicos, que começa a facilitar a descoberta de novos fármacos atualmente e que promete estabelecer muitas novas ligações com a biologia e a medicina no futuro.

Definição e descoberta de medicamentos:

Droga significa uma erva seca (francês- Drogue- uma erva seca). É a única entidade química ativa presente num medicamento que é utilizado para o diagnóstico, prevenção, tratamento / cura de doenças. Em 1966, a Organização Mundial de Saúde (OMS) deu uma definição mais abrangente - "Droga é qualquer substância ou produto que é usado ou se destina a modificar ou explorar sistemas fisiológicos de estados patológicos para o benefício dos destinatários". O termo droga também está a ser utilizado para designar substâncias que causam dependência/abuso. No entanto, este uso restrito e depreciativo é uma degradação infeliz do termo consagrado pelo tempo. A descoberta de medicamentos novos, eficazes e seguros para tratar várias doenças é um processo multidisciplinar. A descoberta de medicamentos é, em parte, sorte e, em parte, investigação de estruturas. Os fármacos utilizados como medicamentos são desenvolvidos a partir dos chamados compostos principais. Estes compostos foram originalmente descobertos a partir de recursos naturais ou por via sintética. O desenvolvimento de moléculas precursoras tem de passar pelas seguintes etapas.

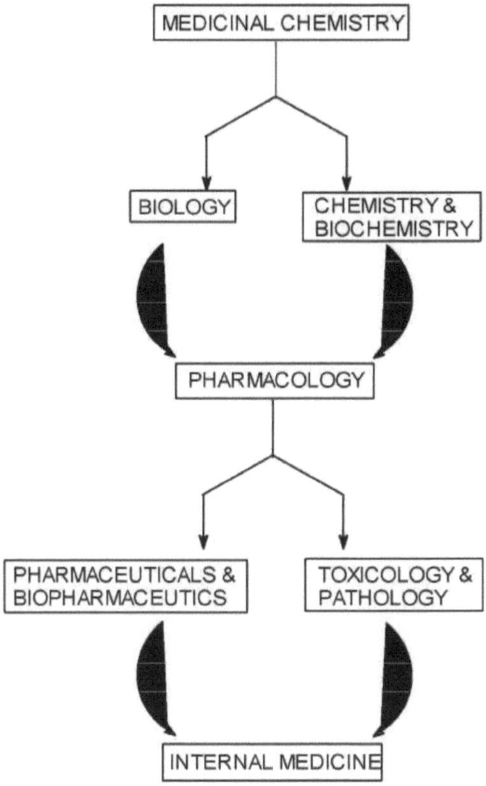

Figura 2 Mostra as ramificações da Química Medicinal em diferentes ramos de outras ciências

Ramificação no desenvolvimento de análogos de fármacos:

Os análogos de fármacos são utilizados como moléculas líderes e modificados de forma adequada para produzir moléculas bioactivas importantes do ponto de vista médico, que podem ainda ser utilizadas como análogos de fármacos.

A prática da química medicinal dedica-se à descoberta e ao desenvolvimento de novas entidades químicas utilizadas como compostos de importância medicinal. O desenvolvimento típico de compostos líderes costumava seguir um caminho relativamente simples de descoberta e modificação, sendo necessário seguir a síntese de uma série de análogos tendo em vista o grupo funcional e o parâmetro de atividade de importância medicinal. Depois disso, segue-se a realização de testes exaustivos dos seus activos em microrganismos e animais de laboratório para determinar o efeito terapêutico, o efeito secundário e a toxicidade. A missão da investigação de medicamentos é descobrir novos medicamentos, que são utilizados como instrumentos de cura ou prevenção de doenças. As técnicas rápidas de rastreio de fármacos sintéticos para várias actividades farmacológicas deram um impulso e forneceram ferramentas para a descoberta de pistas que definem tendências. Uma maior compreensão do mecanismo fisiológico tornou possível uma abordagem mecanicista da investigação, que parte de uma hipótese racionalmente argumentada para conceber um medicamento.

Uma vez descoberta uma nova entidade medicamentosa, são normalmente envidados esforços extensos e dispendiosos para preparar uma série de análogos, na esperança de se encontrar uma atividade ainda melhor. Num esforço para melhorar a eficiência do desenvolvimento de análogos, foi introduzida uma variedade de métodos para estudar as relações entre as alterações do grupo funcional e a atividade biológica, designada por relação estrutura-atividade. (SAR)

Regra geral para orientar os análogos importantes do ponto de vista médico:

A via de administração de medicamentos normalmente preferida é a oral. Embora não haja garantias e existam muitas excepções, a maioria dos medicamentos orais eficazes obedece à regra de vida de Lipinski. Os dados em que esta regra se baseia são retirados de 2500 entradas extraídas dos nomes adoptados nos EUA, das listas mundiais de medicamentos e da coleção interna de compostos da Pfizer. Existem quatro critérios:

1. A substância deve ter um peso molecular inferior ou igual a 500.
2. Deve ter menos de cinco funções doadoras de ligações de hidrogénio.
3. Deve ter menos de dez funções de aceitação de ligações de hidrogénio.
4. A substância deve ter calculado o log P(c Log P) entre aproximadamente -1 e +5.

Em suma, o composto deve ter um peso molecular comparativamente baixo, ser relativamente não polar e dividir-se entre uma fase aquosa e uma fase lipídica específica a favor da fase lipídica, mas, ao mesmo tempo, possuir uma solubilidade em água percetível. Há muitos compostos biologicamente activos que satisfazem estes critérios e que não se tornam medicamentos, mas há comparativamente poucos medicamentos oralmente activos bem sucedidos que não se enquadram nestes critérios. Assim, este é um guia útil, mas não uma lei da natureza.

Introdução aos agentes antimicrobianos:

Nas últimas décadas, assistiu-se a um aumento significativo das doenças microbianas. As infecções causadas por bactérias, fungos, vírus, etc., afectam tanto os seres humanos como os animais. thPor conseguinte, esta classe de medicamentos é a maior contribuição do século XX para a química medicinal. Tem-se dedicado uma atenção substancial ao desenvolvimento de agentes antimicrobianos mais potentes e eficazes. A maior parte desta atenção tem sido dedicada ao estudo de agentes antibacterianos e antifúngicos no desenvolvimento de agentes antimicrobianos.

As células bacterianas crescem e dividem-se, replicando-se repetidamente para formar grandes números presentes durante uma infeção ou nas superfícies do corpo. Para crescerem e se dividirem, os organismos têm de sintetizar ou absorver muitos tipos de biomoléculas. Um agente antimicrobiano interfere com processos específicos que são essenciais para o crescimento e/ou divisão. Os antibacterianos podem ser separados em grupos com base no modo de ação como inibidores das paredes celulares bacterianas e fúngicas, inibidores das membranas citoplasmáticas, inibidores da síntese de ácidos nucleicos e inibidores da função dos ribossomas. Os agentes antimicrobianos podem ser bactericidas, matando a bactéria ou o fungo alvo, ou bacteriostáticos, inibindo o seu crescimento. Os antibióticos destroem as bactérias de várias formas. A imagem externa mostra que os antibióticos interferem com as paredes celulares e com a produção de proteínas essenciais.

Os agentes bactericidas são mais eficazes, mas os agentes bacteriostáticos podem ser extremamente benéficos, uma vez que permitem que as defesas normais do hospedeiro destruam os microrganismos. Também pode ser útil combinar vários agentes antimicrobianos para alargar o espetro de atividade e minimizar a possibilidade de desenvolvimento de resistência bacteriana. Algumas combinações de antibióticos são mais eficazes em conjunto do que a eficácia combinada de um único agente. Este facto é designado por **sinergismo.** A terapia combinada provou o seu valor como terapia mais recente para os antimicrobianos. Alguns agentes bacteriostáticos em novas combinações conferem atividade bactericida. O sulfametoxazol é bacteriostático e a trimetoprima é também bacteriostática, mas a combinação de ambos os fármacos é agora amplamente utilizada como combinação bactericida. Dois desses medicamentos bactericidas são também utilizados em terapia combinada.

Refampin + Dapsona são utilizados na lepra, Refampin + Isoniazida na tuberculose.

A OMS também aprovou este tipo de combinação.

Desenvolvimento - custos e tempo de definição:

Definições sobre desenvolvimento não clínico e clínico

A Figura 2 indica o processo de desenvolvimento não clínico e clínico no contexto do mind set to market. O desenvolvimento não clínico e clínico pode ser segmentado nas seguintes fases:

Desenvolvimento não clínico

Os ensaios não clínicos são os estudos baseados em animais e células que são necessários para apoiar os ensaios clínicos. Os ensaios são efectuados antes e ao mesmo tempo que os ensaios clínicos. Nos estudos não clínicos, o composto é testado quanto à sua segurança e eficácia em estudos com animais. O desenvolvimento não clínico inclui: Mutagenicidade, toxicidade de dose única e repetida, farmacologia de segurança, farmacocinética, toxicocinética e análise de amostras de formulação e cinética. Os testes não clínicos iniciais, ou seja, os testes pré-clínicos, são utilizados para selecionar os níveis de dose e/ou a formulação para a fase I e os testes posteriores para avaliar se o programa de desenvolvimento deve continuar.

Desenvolvimento clínico

Tal como ilustrado na figura 3, o desenvolvimento clínico divide-se em quatro fases: fase I a fase IV. As fases I a III representam ensaios clínicos que produzem a documentação necessária para o registo de um novo produto. A fase IV inclui ensaios com produtos registados. Geralmente, os produtos devem ser testados em voluntários saudáveis na fase I e posteriormente testados em doentes na fase II. Há desvios a este princípio nos casos em que os medicamentos ou dispositivos se destinam a doenças potencialmente fatais, como o cancro.

Fase I

Os ensaios são efectuados em voluntários saudáveis. O objetivo principal é examinar as propriedades farmacocinéticas e testar a segurança e a tolerância. No entanto, os estudos de prova de princípio podem ser efectuados em 50-150 voluntários saudáveis.

Fase Ila

Documentação do efeito em doentes, durante a fase Ila o medicamento é testado num número limitado de doentes. O objetivo é obter uma prova de princípio e testar a tolerância e a segurança. O número de doentes pode ser de 100-200.

Fase Uh

Verificação do efeito e determinação da dose terapêutica. Nesta fase, a dose óptima será determinada como um compromisso entre eficácia, tolerância e segurança. O número de pacientes pode ser de 100-300+.

Fase III

A dose óptima identificada é testada em relação às terapêuticas/drogas óptimas existentes. O número de doentes pode ser de 500-5.000. O número mais baixo de doentes é normalmente encontrado no desenvolvimento de medicamentos órfãos.

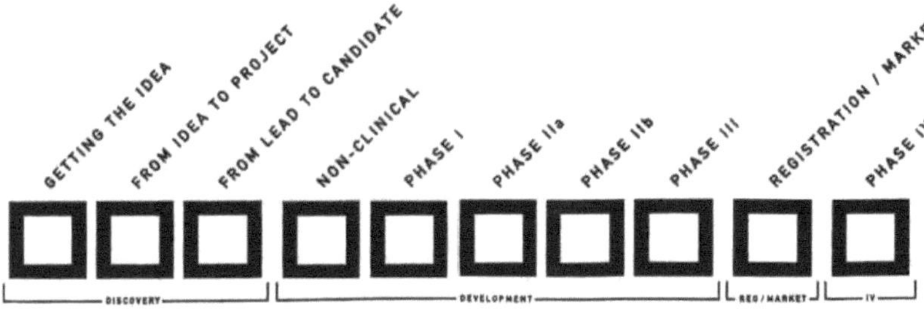

Figura 2

Custos de desenvolvimento

Normalmente, as empresas de biotecnologia e de meditecnologia subestimam os custos relacionados com o desenvolvimento não clínico e clínico. Em 2001, o custo total do desenvolvimento de um novo medicamento foi estimado em 820 milhões de dólares. 58% de todos os custos dizem respeito ao desenvolvimento clínico, depois de concluídos os estudos pré-clínicos.

Síntese de medicamentos:

A investigação sistemática nos laboratórios farmacêuticos conduziu à introdução de um número crescente de medicamentos nos tempos modernos. O trabalho de síntese é efectuado de acordo com as seguintes linhas:

(a) São sintetizados compostos cujas estruturas são mais ou menos semelhantes às substâncias que ocorrem naturalmente. Por vezes, isto produz medicamentos cujo preço é muito inferior ao do medicamento natural.

(b) Tenta-se preparar compostos com estruturas simplificadas sem perder eficácia.

(c) Tenta-se sintetizar novos fármacos, que têm as propriedades de certos produtos naturais, mas não têm qualquer relação com eles em termos de estrutura.

(d) São feitas tentativas para sintetizar novos fármacos que não estão relacionados, em termos de estrutura e propriedades, com os produtos naturais.

Mecanismos de ação dos medicamentos:

1 **Ação física:** a propriedade física do fármaco é responsável pela sua ação, por exemplo

Massa do medicamento - laxante de touro

Propriedade de adsorção - carvão vegetal

Atividade osmótica - mentol

Radioatividade - radioisótopos

Opacidade radioactiva - meios de contraste

2. **Ação química:** O fármaco reage extracelularmente de acordo com equações químicas simples, por exemplo

- Os antiácidos neutralizam o HCL gástrico
- Os agentes oxidantes ($KMnO$⅛, I2) são germicidas e inactivam os alcalóides ingeridos.

3 **Através das Enzimas:**

- Estimulação, por exemplo, a adrenalina estimula a adenilil ciclase
- Inibição Por exemplo, a fisostigmina e a neostigmina competem com a acetilcolina pela colinesterase.

4 **Através dos receptores:** A macromolécula ou o componente de uma célula ou organismo que interage com o fármaco e inicia a cadeia de acontecimentos bioquímicos que conduzem aos efeitos observados do fármaco são designados receptores. *O agonista* ativa um recetor para produzir um efeito, por exemplo, adrenalina, histamina, morfina. *O agonista parcial* ativa um recetor para produzir

um efeito submaxial, mas antagoniza a ação de um agonista total, por exemplo, a nalorfina. *O agonista inverso* ativa um recetor para produzir um efeito no sentido oposto ao do agonista bem conhecido, por exemplo, o DMCM. *O antagonista liga-se* ao recetor, não o ativa e não tem qualquer efeito próprio. Os efeitos principais impedem o agonista de se ligar e ativar o recetor.

Quimioterapia:

O termo quimioterapia foi introduzido por Paul Ehrlich para indicar o tratamento de doenças microbianas através da administração de um medicamento com um efeito letal ou inibidor sobre o micróbio responsável, e foi descrito como uma "bala mágica" que, quando introduzida no corpo, destruía apenas as bactérias a que se destinava. Também pronunciou muitos dos conceitos actuais de quimioterapia.

Um agente quimioterapêutico é definido em termos da sua função e não da sua origem. A ciência da quimioterapia assenta em muitas disciplinas, que incluem a química orgânica, a investigação de produtos naturais, a biologia do invasor e do hospedeiro, a farmacologia, a toxicidade e a terapêutica. O Prontosil (2,4-diaminoazobenzeno-4' - sulfonamida) introduzido por Domagk em 1932 foi o primeiro agente quimioterapêutico ativo contra bactérias. Apesar do seu efeito terapêutico, não tinha atividade antibacteriana *in nitro.*

thDurante o século XX, vários compostos foram isolados, sintetizados e sujeitos a uma investigação pormenorizada da sua estrutura e ação farmacológica. Verificou-se que alguns dos compostos possuíam uma atividade fisiológica definida e, mais tarde, observou-se que a atividade fisiológica estava associada a uma unidade estrutural específica e, por conseguinte, a uma semelhança estrutural com outros compostos. A parte do fármaco que é responsável pela atividade fisiológica real é conhecida como grupo farmacóforo. Este foi ligeiramente modificado pelos processos unitários comuns e simples para dar origem a compostos mais activos com baixa toxicidade.

Atualmente, as hipóteses de conceber uma substância química medicinal clinicamente útil são, de facto, muito reduzidas, uma vez que foram impostas várias condições restritivas. Mesmo com os melhores resultados laboratoriais, deve ser mantida uma elevada potência no ser humano. Os efeitos secundários e a toxicidade aguda devem ser mínimos e não deve haver toxicidade crónica. Não admira que todos os anos seja introduzido na prática clínica um número muito reduzido de medicamentos. Praticamente todos os tipos de medicamentos precisam de ser melhorados e devem ser substituídos por agentes mais específicos com menos efeitos secundários. Não se pode abandonar a esperança de aperfeiçoar a ação dos compostos existentes através de modificações estruturais

Caraterísticas ideais dos agentes quimioterapêuticos:

Para que os compostos químicos sejam agentes quimioterapêuticos ideais utilizados no tratamento de infecções microbianas, devem ter as seguintes qualidades

1. **Toxicidade selectiva:** O medicamento deve demonstrar uma toxicidade selectiva. Isto significa que, na concentração óptima, o medicamento deve ser tóxico para o microrganismo, mas não para o hospedeiro.
2. **Espectro antimicrobiano:** O medicamento deve ser capaz de destruir ou inibir muitos tipos de microrganismos patogénicos. Quanto maior for o número de diferentes espécies microbianas patogénicas afectadas, melhor. Por exemplo, os antibióticos mais utilizados são os de largo espetro. Um medicamento de espetro estreito é ativo contra uma ou apenas algumas espécies, quer de grupos Gram-positivos quer Gram-negativos (por exemplo, a penicilina).
3. **Ausência de efeitos secundários:** O medicamento não deve produzir efeitos secundários indesejáveis, tais como reacções alérgicas, lesões nervosas, irritação dos rins ou lesões das células sanguíneas, etc.
4. **Não tem qualquer efeito destruidor sobre a flora normal:** O medicamento não deve eliminar a flora microbiana normal que habita o trato intestinal ou outras áreas do corpo. A flora normal também desempenha um papel importante na prevenção do crescimento dos agentes patogénicos.
5. **Ausência de inativação:** Se o medicamento for administrado por via oral, não deve ser inactivado pelos ácidos gástricos e deve ser absorvido pelo organismo a partir do trato intestinal. Se for administrado por injeção, não deve ser inactivado por ligação às proteínas do sangue.

6. **Solubilidade nos fluidos corporais:** O fármaco deve ter solubilidade nos fluidos corporais, uma vez que, para ser ativo, tem de estar em solução e pode penetrar rapidamente nos tecidos corporais.
7. **Concentração suficiente do fármaco nos tecidos-alvo:** O medicamento deve ser capaz de atingir uma concentração suficientemente elevada nos tecidos ou no sangue do doente para matar ou inibir o agente patogénico.
8. **Baixa taxa de degradação do fármaco:** A taxa de degradação e de excreção do fármaco deve ser suficientemente baixa para que o fármaco permaneça nos tecidos infectados o tempo suficiente para exercer os seus efeitos.
9. **Não desenvolvimento de resistência aos medicamentos:** O medicamento deve inibir os microrganismos de forma a impedir o desenvolvimento de formas de agentes patogénicos resistentes aos medicamentos.
10. **Viabilidade estável:** O medicamento deve ter uma atividade viável prolongada, mesmo quando armazenado à temperatura ambiente.
11. **Facilmente disponível a um custo/preço acessível:** Os médicos devem comparar os agentes quimioterapêuticos disponíveis para selecionar o mais adequado para o tratamento de uma infeção específica. No entanto, os criadores de um medicamento tentam obter a melhor combinação possível de propriedades para uma utilização humana eficaz.

Mecanismo de ação dos agentes quimioterapêuticos:

É importante conhecer o mecanismo de ação exato de agentes quimioterapêuticos específicos, uma vez que esse conhecimento ajuda a explicar a natureza e o grau de toxicidade selectiva de fármacos individuais e, por vezes, ajuda na conceção de novos agentes quimioterapêuticos.

A célula é a unidade estrutural e funcional dos microrganismos unicelulares. Vários tipos de actividades metabólicas ocorrem numa célula jovem e ativa em multiplicação. Os antibióticos, como principal agente quimioterapêutico, podem atacar a organização estrutural da célula microbiana ou impedir a biossíntese de macromoléculas celulares. Assim, os antibióticos e outros agentes quimioterapêuticos atacam a síntese da parede celular ou a estrutura da membrana celular e provocam a lise celular. Certos antibióticos de largo espetro impedem a síntese de proteínas e ácidos nucleicos na célula microbiana alvo, o que conduz à morte. Alguns agentes quimioterapêuticos sintéticos actuam interferindo com a atividade enzimática da célula microbiana, impedindo reacções bioquímicas que levam à morte da célula ou à cessação do crescimento.

Os modos de ação de vários agentes quimioterapêuticos podem ser agrupados da seguinte forma:

1. inibição da síntese da parede celular.
2. danos na membrana citoplasmática.
3. Inibição da síntese proteica.
4. Inibição da síntese de ácidos nucleicos.
5. Inibição da atividade enzimática.

1.2 Breve introdução à quinolina:

A quinolina (1-azanaftaleno ou benzo[*b*]piridina) é uma base estável. Os seus derivados representam a principal classe de heterociclos e há muito que são conhecidas várias preparações. O sistema de anéis da quinolina encontra-se em vários produtos naturais, especialmente nos alcalóides. O esqueleto da quinolina é utilizado para muitos agroquímicos sintéticos valiosos e para conceber muitos compostos sintéticos com diversas actividades farmacológicas .[1]

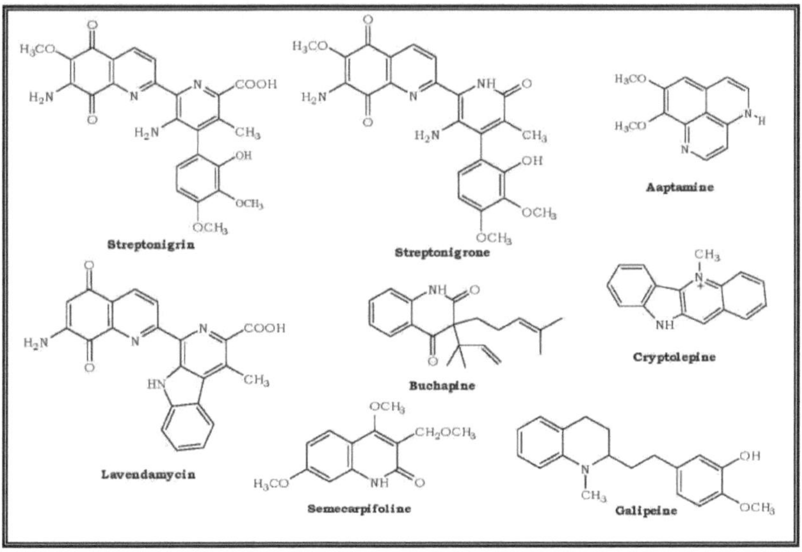

Análogos à base de quinolina disponíveis no mercado

Em 1959, Rao e Cullen[2] revelaram o isolamento de um metabolito castanho-escuro, inicialmente sem nome, de *flóculos de estreptomicina* que exibia uma atividade notável contra vários tumores animais.[3] '[4] O mesmo composto cristalino foi isolado de S. *afrochromogens* e S. *echinatus.* O agente ativo de todas estas *espécies de streptomyces* e *actinomyces* é a estreptonigirina.[5] Aplicando variações na mesma estrutura molecular,[6] foram isolados dois antibióticos estreptonigrona -[78] e lavendamicina. Analisando a literatura, existem vários relatórios disponíveis que abrangem o isolamento, a determinação da estrutura, a síntese e a atividade biológica de alcalóides de quinolina de

fontes vegetais, microbianas e animais, '[915] em que alguns dos alcalóides de quinolina terapeuticamente activos são a criptolepina como antimalárico, '[1619] a buchapina como antiHIV,[20] a semecarpifolina como antiplaquetário e agregante,[21] a galipeína como antimalárico e citotóxico,[22] e a aaptamina como cardíaco.[23]

Alguns derivados sintéticos que contêm o sistema de anéis de quinolina demonstraram possuir actividades farmacológicas úteis, como o cloridrato de dibucaína é um anestésico, a primaquina é um agente antimalárico, a apomorfina é antiperkinosina e a oxamniquina é esquistossomicida. Foi criado um interesse considerável na química das quinolinas devido ao seu vasto espetro de actividades terapêuticas como bactericida,[24] anti-HIV,[2] ≡ antimalárico,[26] antitumoral,[27] inibidores da ATPase gástrica (H^+ / K^+)- ATPase,[28] dihidroorotato desidrogenase,[29] 5-lipoxigenase,[30] recetor de leucotrieno D4[31] e anti-helmíntico.[32] De facto, a introdução da cloroquina no tratamento da malária, há mais de 60 anos, desencadeou uma nova era de desenvolvimento rápido de medicamentos antimicrobianos através do ácido nalidíxico e das fluoroquinolonas.

Métodos de preparação da quinolina:

No vasto domínio das quinolinas, a 2-cloro-3-formil-quinolina ocupa uma posição de destaque na categoria dos intermediários, uma vez que pode ser utilizada para a síntese de muitos compostos heterocíclicos. Tem havido um interesse constante pela utilização do reagente de Vilsmeier-Haack na síntese orgânica de vários heterociclos de azoto e oxigénio. Está provado ser um método suave e eficiente para a formilação '[333] ≡ de compostos aromáticos, heteroaromáticos e carbonílicos reactivos. A utilidade deste reagente também explora uma rota poderosa para a síntese de 2-cloro-3-formil quinolina substituída. Meth-Cohn et al[36] demonstraram que o tratamento da acetanilida com o reagente de Vilsmeier-Haack utilizando o $POCl_3$ permite a preparação de 2-cloro-3-formil-quinolina **(1)**.

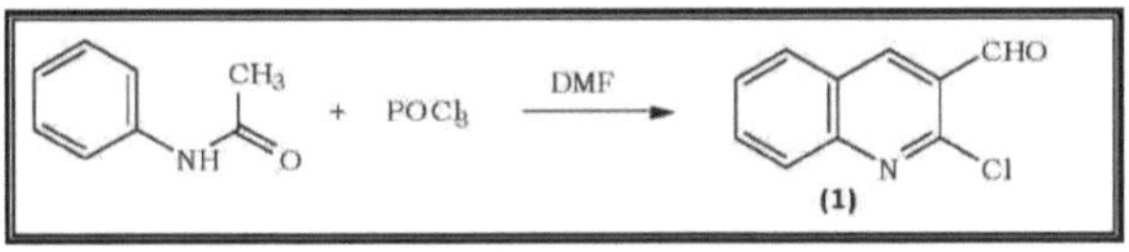

MECANISMO:

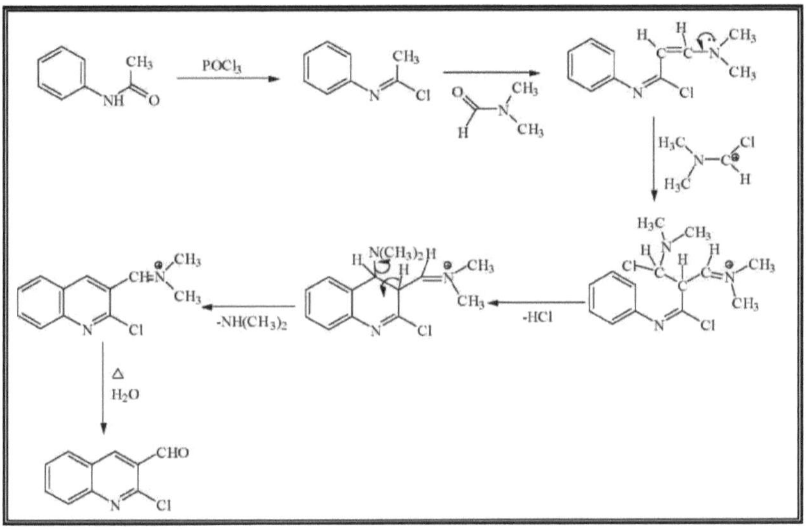

Yang D et al[37] sintetizaram um método rápido e eficiente para a preparação de várias *11H-indeno*[1,*2-Ъ*]quinolinas **(4)** poli-substituídas *através da* condensação de Friedlander do 2-aminoarilaldeído **(2)** com um composto carbonílico **(3)** contendo um grupo reativo α-metileno na presença de etóxido de sódio (10 mol %).

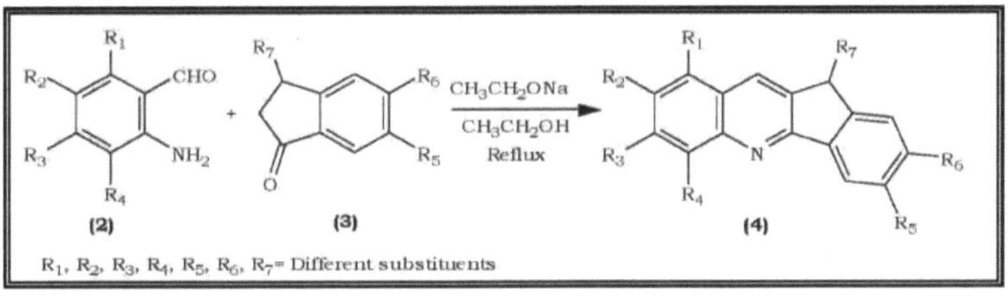

Subhas Bose e Kishore Kumar[38] desenvolveram um método eficiente para a condensação de cetonas 2-aminoarílicas **(5)** com ".-metileno cetonas **(6)** na presença de quantidade catalítica de catalisador reutilizável CeCl3· 7H·2 O (25 mol %) à temperatura ambiente para obter as correspondentes quinolinas poli-substituídas (7) em altos rendimentos em condições suaves.

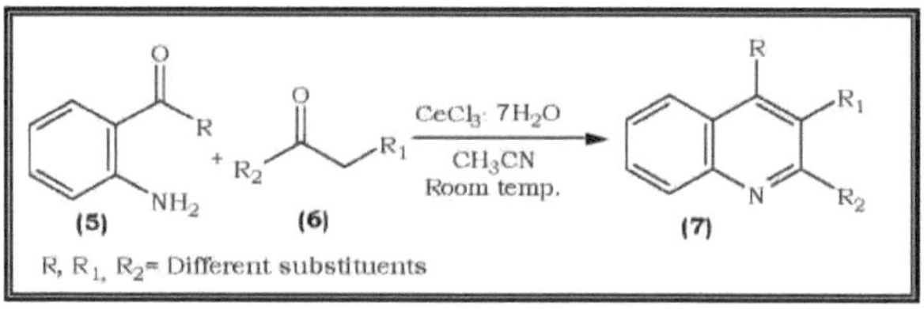

Kidwai M et al[39] desenvolveram um procedimento conveniente e amigo do ambiente para a síntese quantitativa de novos derivados de quinolina **(10)** através de uma reação simples de uma panela de anilina substituída **(8)** com β-cetoésteres **(9)** a 60°C em etanol, utilizando cloreto de índio reciclável como catalisador. A reação decorre sem problemas em condições de ausência de solventes com um rendimento quantitativo.

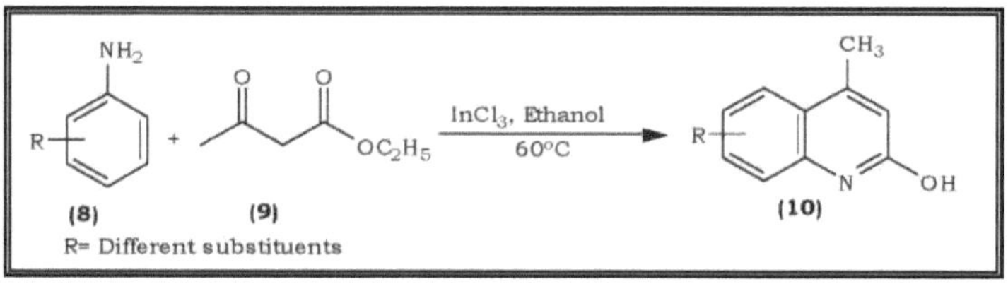

Ramakrishnan V T et al[40] sintetizaram *2-metil-4-aril-5-oxo-lH,4H-* 5,6,7,8-tetrahidro-quinolina-3-carboxilatos de metilo **(14)** através da condensação de 1,3-diones cíclicos **(13)** com aldeídos aromáticos **(11)** e β-aminocrotonato **(12)** utilizando métodos de irradiação térmica e de ultra-sons.

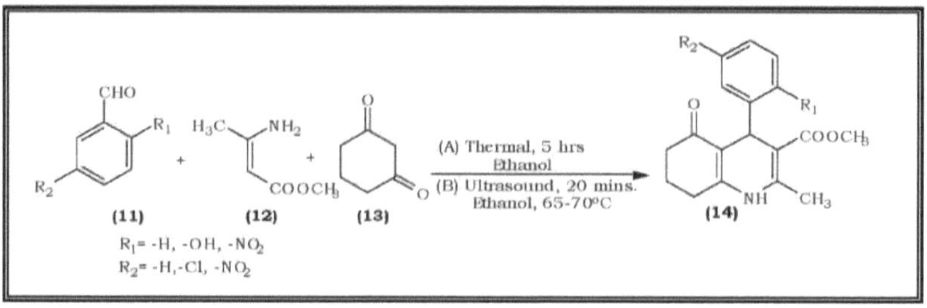

Martinez R et al[41] sintetizaram quinolinas polissubstituídas **(17)** através da reação direta entre o correspondente derivado de álcool 2-aminobenzílico **(15)** e uma cetona ou um álcool **(16)** na presença de uma base, sem qualquer metal de transição

catalyst.

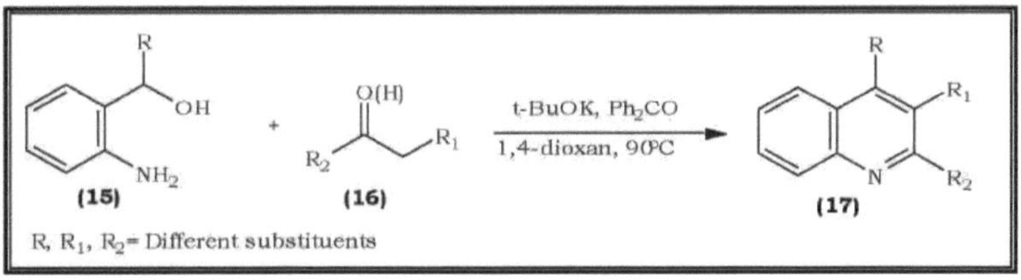

Suchaud V et al[42] sintetizaram 3-hidroxi-2-oxoquinolina-4-carboxilatos de etilo **(19)** a partir de vários derivados de isatina **(18)**.

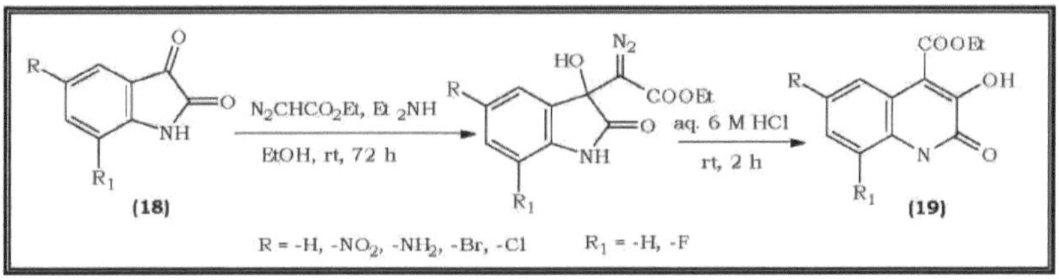

Li-Min W et al[43] provaram que o perfluorooctanoato de itérbio [Yb(PFO)3] é um catalisador eficiente para a reação de Doebner do ácido pirúvico **(20),** aldeídos **(22)** e aminas **(21)** em condições moderadas em água para obter derivados do ácido quinolina-4-carboxílico **(23)** com um método de três componentes num único local e com bom rendimento. O processo é operacionalmente simples e benigno para o ambiente e o catalisador foi prontamente reciclado várias vezes com uma atividade consistente.

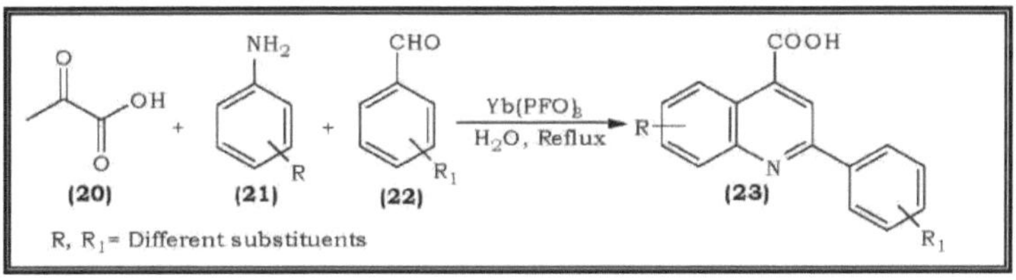

Zarghi A et al[44] sintetizaram um grupo de derivados de 4-carboxilquinoleína **(24)** que possuem um farmacóforo metilsulfonil COX-2 na posição *para* do anel fenil C-2 como inibidores selectivos da COX-2. As relações estrutura-atividade COX-

1/COX-2 *in vitro* foram determinadas variando os substituintes no anel quinolina C-7 e C-8. Nandhakumar R et al[45] mostraram o estudo do reagente de Vilsmeier-Haack em 4-hidroxi-quinaldinas, que resultou num novo intermediário versátil 4-cloro-3-formil-2-(2-hidroxi-eteno-l-il)quinolinas, que, após tratamento posterior com hidrato de hidrazina, produziu os derivados diazepino-quinolina desejados **(25)**. Desai et al[46] sintetizaram novas *N*-[6-(2-cloro(3-quinolil))-4-(aril)pirimidin-2-il]-2- morfolin-4-ilacetamidas **(26)** pela reação de Vilsmeier-Haack. Verificou-se que vários compostos possuíam uma atividade antimicrobiana promissora.

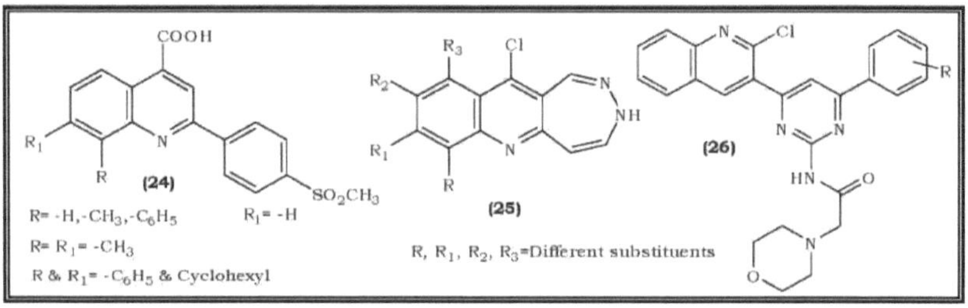

Desai et al[47] sintetizaram *N*-(4-((2-cloroquinolina-3-il)metileno)-5-oxo-2-fenil- 4,5-di-hidro-l *H-imidazol-l-il*)-(aril)amidas **(27)** e estudaram a sua atividade antimicrobiana. O mesmo grupo[48] sintetizou l-[2-(2-cloro(3-quinolil))-5-(4-nitrofenil)(1,3,4-oxadiazolin-3-il)]-3-(aril)prop-2-en-l-onas **(28)**. Alguns destes compostos revelaram-se bons agentes antimicrobianos.

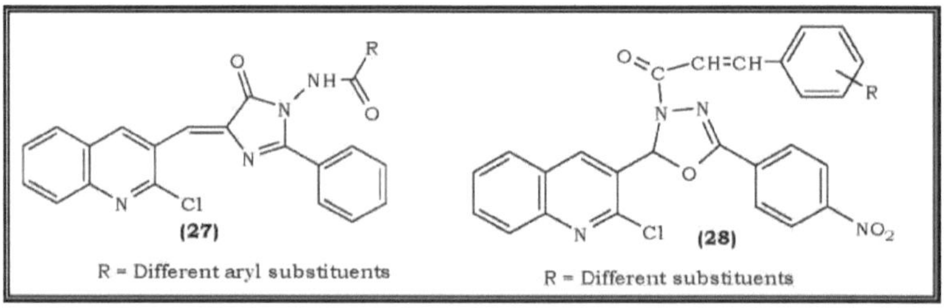

Lucie Paloque J N et al[49] sintetizaram 2-hidroxi-8-nitroquinolina **(29)** e avaliaram a sua molécula *in nitro* antileishmanial contra promastigotas de *Leishmania infantum* e amastigotas intracelulares *de L. donovani.* Prasad R et al[50] relataram derivados de 2-oxo-pirano[2,3-Ъ]quinolina **(30),** e estes foram submetidos a tratamento com amoníaco para produzir os correspondentes derivados de 2-oxo-pirido[2,3-Ъ]quinolina **(31).** Estes compostos foram testados para actividades antimaláricas, diuréticas e antimicrobianas.

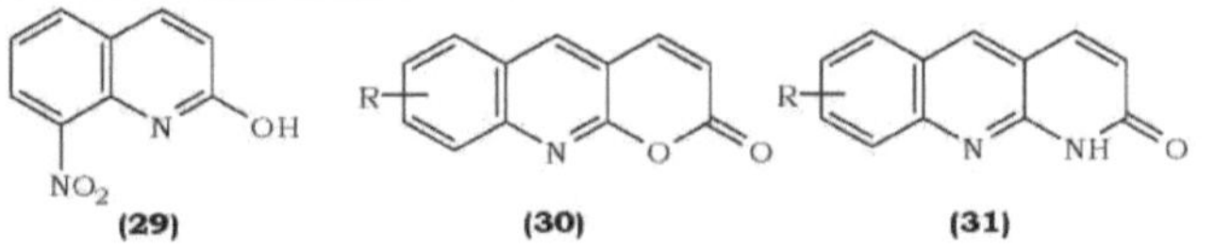

(29) (30) (31)

R= Different substituents

1.3 Introdução à pirazolina:

A pirazolina é um anel heterocíclico de cinco membros com dois átomos de azoto adjacentes no interior do anel, com uma ligação dupla. As pirazolinas são derivados di-hidro-pirazóis, nomeadamente a 2-pirazolina (4,*5-di-hidro-lH-pirazol*) **(32)** e a 3-pirazolina (2,*3-di-hidro-1H-pirazol*) **(33)**. As aminas são geralmente mais estáveis do que as aminas vinílicas na química alifática, pelo que as 2-pirazolinas são mais estáveis do que as 3-pirazolinas.

(32) (33)

As 2-pirazolinas foram sintetizadas a partir da ciclização de cetonas α,β-insaturadas por hidrato de hidrazina.[51]

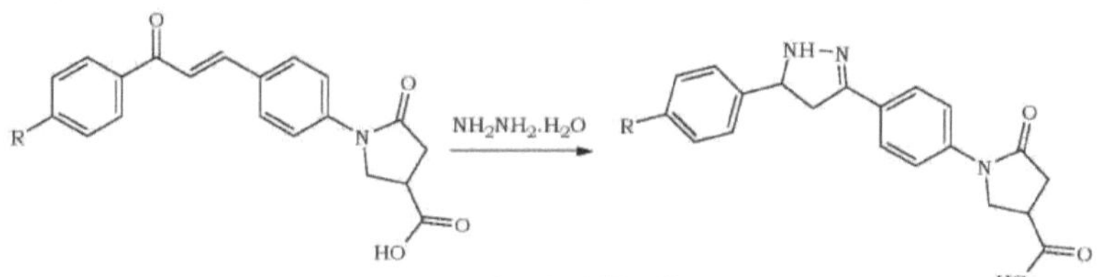

R = -H, -OCH3, -Br

A 2-pirazolina foi sintetizada por condensação de caicone com tiossemicarbazida. A reação prossegue através da formação intermediária de hidrazona e seguida pela adição de -NH- na ligação olefinica da hidrazona dá compostos; finalmente a tautomerização da imina enamina tem lugar e resulta na formação de 2-pirazolina.[52]

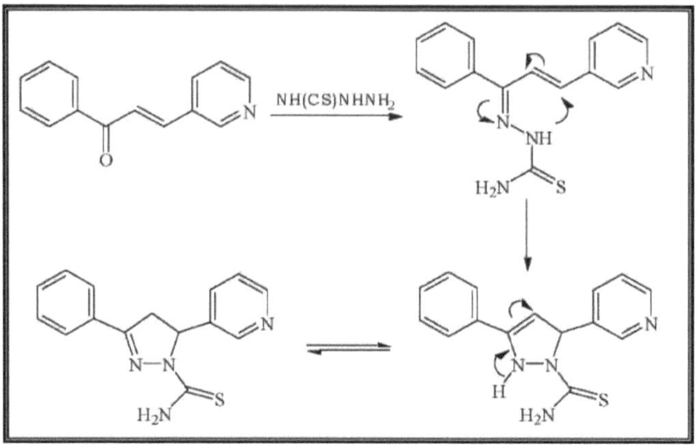

Importância farmacêutica da pirazolina:

As pirazolinas apresentam um amplo espetro de potenciais actividades farmacológicas e estão presentes em várias moléculas farmacologicamente activas. A descoberta desta classe de fármacos constitui um caso notável do desenvolvimento moderno de fármacos e assinala também a imprevisibilidade da atividade farmacológica a partir da modificação estrutural de uma molécula protótipo de fármaco.

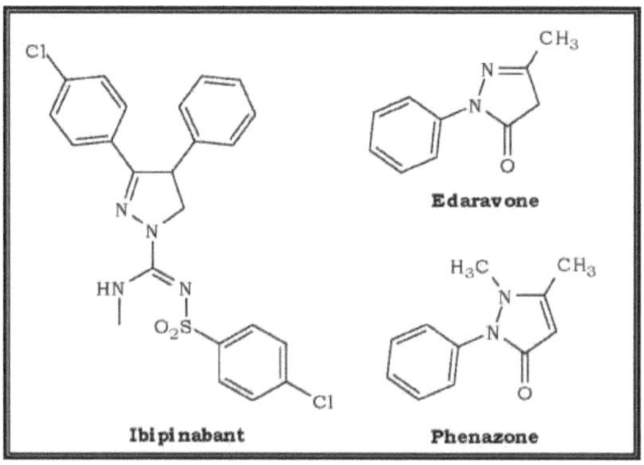

Análogos à base de pirazolina disponíveis no mercado

Verificou-se que os derivados de pirazolina têm potenciais actividades antipirética-analgésica, tranquilizante, relaxante muscular, psicoanaléptica, antiepiléptica, antidepressiva, anti-inflamatória, inseticida, antimicrobiana e anti-hipertensiva.[53]

Verificou-se também que os seus derivados apresentam atividade citotóxica, atividade inibidora da agregação plaquetária, atividade herbicida e moduladores dos receptores CBl canabinóides.[53] São comercializados vários medicamentos com o anel pirazolina. O ibipinabant actua como um antagonista CBı potente e altamente seletivo. Foi investigado para o tratamento da obesidade. A edaravona é um agente neuroprotector e é utilizada no tratamento da isquemia cerebral. A fenazona é um fármaco analgésico e antipirético.

Almeida et al sintetizaram 2-pirazolinas **(34)** e consideraram-nas activas na atividade antituberculosa como inibidoras da biossíntese do ácido micólico. [54] Taj e colaboradores sintetizaram 2,3,4,*9-tetrahidro-lH-carbazole* com base em 2-pirazolinas **(35)** e avaliaram a sua atividade anti-tuberculosa. [55]

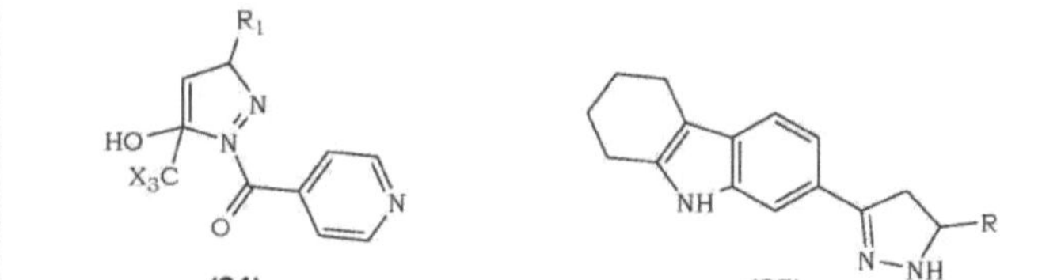

(34) **(35)**

X = -F, -Cl R_1= Different substituents R = Different aryl substituents

Khunt e colaboradores sintetizaram 2-pirazolinas à base de pirazol **(36)** como agentes antituberculosos. [56] Ozdemir e colaboradores sintetizaram 2-pirazolinas à base de tiofeno **(37)**.[57] Os compostos foram testados quanto à sua atividade antituberculosa contra *Mycobacterium tuberculosis* H37Rv.

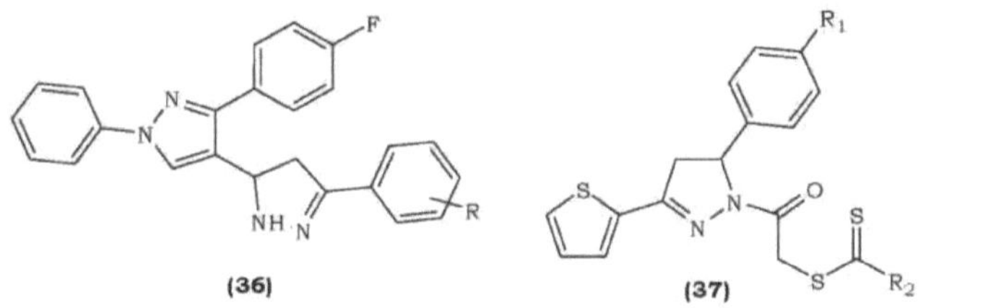

(36) **(37)**

R, R_1 = Different substituents R_2 = Different heteroaryl substituents

Ali et al sintetizaram e realizaram uma relação estrutura-atividade para a atividade antituberculosa das pirazolinas contra o *Mycobacterium tuberculosis H37Rv.* O composto **(38)** revelou-se mais ativo com um valor de CIM de 0,0034 µM.[58] Shaharyar e colaboradores sintetizaram 2-pirazolinas com o grupo do ácido fenoxiacético **(39)**. A atividade anti-micobacteriana contra *Mycobacterium tuberculosis* H_{37} Rv foi realizada para os compostos sintetizados.[59]

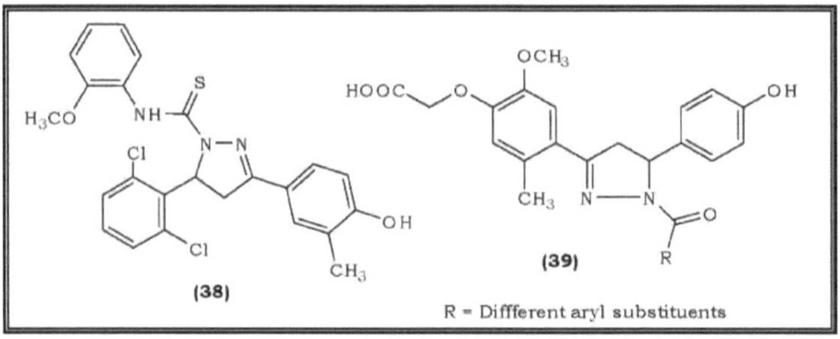

Justificação do presente trabalho

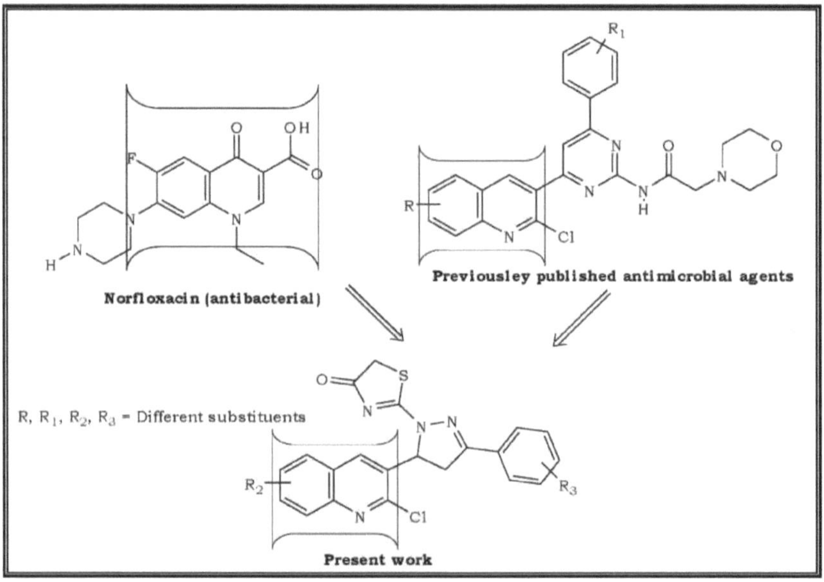

1.4 Lacuna na investigação

Todos os anos, um pequeno número de medicamentos é introduzido na prática clínica.

Praticamente todos os tipos de medicamentos precisam de ser melhorados e devem ser substituídos por agentes mais específicos com menos efeitos secundários. Não se pode abandonar a esperança de aperfeiçoar a ação dos compostos existentes através de modificações estruturais.

No presente livro, foram envidados esforços para conceber alguns novos compostos orgânicos contendo moléculas que demonstraram actividades biológicas encorajadoras.

O desenvolvimento da pesquisa bibliográfica foi efectuado através da consulta de volumes da biblioteca e da utilização da Internet através do Google e de outros motores de busca. Após o levantamento exaustivo da literatura, o tema da investigação foi profundamente estudado. A síntese dos compostos foi efectuada com o apoio de vários livros de química orgânica e medicinal. A análise dos dados foi efectuada utilizando as técnicas disponíveis e a interpretação dos dados foi feita consultando vários livros e artigos de investigação publicados.

Devido ao trabalho publicado sobre estes tópicos e ao interesse de longa data do nosso laboratório no estudo de outros compostos heterocíclicos, foi empreendido. Tendo em conta todos os factos acima referidos, os nossos estudos têm-se centrado na síntese e bioavaliação de núcleos de quinolina e 2-pirazolina por abordagem híbrida como possíveis moléculas bioactivas.

1.5 Objectivos

Os objectivos do trabalho são os seguintes:

- Sintetizar 2-[5-(2-Cloro(3-quinolil))-3-(aril)-2-pirazolinil]-1,3-tiazolin-4-onas e 2-[5-(2-Cloro-6-metil(3-quinolil))-3-(aril)-2-pirazolinil]-1,3-tiazolin -4-onas.
- Caracterização por técnicas espectroscópicas e espectrométricas (IR,^{1} H NMR,^{13} C NMR e espetrometria de massa)
- O rastreio antimicrobiano dos compostos recentemente sintetizados foi efectuado contra bactérias Gram-positivas (*Staphylococcus aureus, Streptococcus pyogenes*), bactérias Gramnegativas *(Escherichia coli, Pseudomonas aeruginosa)* e fungos *(Candida albicans, Aspergillus niger, Aspergillus clavatus*) utilizando o método de diluição em caldo em série.

1.6 Referências:

1. McGrew R E; "*Encyclopedia of Medical History",* McGrew-Hill, Nova Iorque, 166, **1985.**

2. Rao KV, Cullen WP; *Antibiot Anna,* 7, 950, **1959.**

3. Chirigos MA, Pearson JW, Papas TS, Woods WA, Jr., Woods HB, Spahn G; CancerChemotherRep, 57, 305, 1973 Woods HB, Spahn G; *CancerChemotherRep,* 57, 305, **1973.**

4. Mcbride TJ, Oleson JJ, WoolfD; *Cancer Res,* 26, 727, **1966.**

5. Brazhhnikova MG, Ponomarenko VI, Kovsharova IN, Krugliak EB, Proshliakova VV; *Antibiotiki,* 13,99, **1968.**

6. Wang H, Yeo SL, Xu J, Xu X, Ronca F, Ting AE, Wang Y, Yu VC, Sim MM; *J Nat Prod.,* 65, 721, 2002.

7. Herlt AJ, Rickards RW, Wu JP; *Antibiot,* 38, 516, **1985.**

8. Preobrazhenskaya MN, Holpne-Kozlova NV, Lazhko El; *Antibiotiki,* 45, 227, **1992.**

9. Michael JP; *Nat Prod Rep,* 14, 605, **1997.**

10. Michael JP; *Nat Prod Rep,* 18, 543, **2001.**

11. Michael JP; *Nat Prod Rep,* 19, 742, 2002.

12. Michael JP; *Nat Prod Rep,* 20, 476, **2003.**

13. Davis RA, Carroll AR, Quinn RJ; *J Nat Prod,* 65, 454, 2002.

14. Khaleel AEM; *Monatshefte fur Chemie,* 133, 183,2002.

15. Sultana N, Waterman P G; *Phytochemistry,* 58, 329, **2001.**

16. Boye GL, Ampofo O; "*First International Seminar on Cryptolepine* University of Science and Technology", Kumasi, Gana, 37, **1983.**

17. Wright CW, Phillipson JD, Awe SO, Kirby GC, Warhurst DC, Quetin-Leclercq J, Angenot L; *Phytother Res,* 10, 361, **1996.**

18. Bonjean K, De Pauw-Gillet MC, Colson P, Houssier C et al.; *Biochemistry,* 37, 5136, **1998.**

19. Wright CW, Addae-Kyereme J, Breen AG, Brown JE et al.; *J Med Chem,* 44, 3187, **2001.**

20. McCormick JL, Mckee TC, Boyd MR; *JNat Prod,* 59, 469, **1996.**

21. Chen IS, Chen HF, Cheng MJ, Chang YL, Teng CM, Tsutomu I, Chen JJ, Tsai IL; *JNat Prod,* 64, 1143, **2001.**

22. Jacquemond-Collet I, Benoit-Vical F, Fouraste I, Valentin A, Stanislas E, Mallie M; *Planta Med,* 68, 68, **2002.**

23. Nakamura H, KobayashiJ, OhizumiY; *J Chem Soc, Perkin Trans 1,* 173, **1987.**

24. Munawar MA, Azad M, Athar M, Groundwater PW; *Chem Pap,* 62, 288, **2008.**

25. Ahmed N, Brahmbhatt K G, Sabde S, Mitra D, Singh I P, Butão! KK; *Bioorg Med Chem,* 18, 2872, **2010.**

26. Lutz RE, Bailey PS, Clark MT, Codington JF, Deinet AJ, Freek JA, Harnest G H, Leake NH, Martin TA, Rowlett RJ, Salsbury JM, Shearer NH, Doyle Smith J, Wilson JW; *J Am Chem Soc,* 68, 1813, **1946.**

27. Atwell GJ, Baguley BC, Denny WA; *J Med Chem,* 32, 396, **1989.**

28. Ife KJ, Brown TH, Keeling DJ, Leach CA, Meeson ML, Parsons ME, Reavill DR, Theobald CJ, Wiggall K; *JMed Chem,* 35, 3413, **1992.**

29. Chen SF, Papp LM, Ardecky RJ, Rao GV, Hesson DP, Forbes M, Desxter DL; *Biochem Pharmacol,* 40, 709, **1990.**

30. Musser JH, Chakraborty UR, Sciortino S, Gordon RJ, Khandawala A, Neiss ES, Pruss TP, Van Inwegen R, Weinryb I, Coutts SM; *J Med Chem,* 30, 96, **1987.**

31. Gauthier JY, Jones T, Champion E, Charette L et al.; *J Med Chem,* 33, 2841, **1990.**

32. Alaimo RJ, Spencer CF, Sheffer JB, Storrin RJ et al.; *J Med Chem,* 21, 298, **1978.**

33. Marson C M; *Tetrahedron,* 48, 3659, **1992.**

34. Meth Cohn O; *Heterocycles,* 35, 539, **1993.**

35. Meth Cohn O, Taylor DL; *J Chem Soc Chem Commun,* 1463, **1995.**

36. Meth Cohn O, Bramha N; *J Chem Soc Perkin Trans 1,* 1520, **1981.**

37. Yang D, Jiang K, Li J, Feng Xu; *Tetrahedron,* 63, 7654, **2007.**

38. Subhas Bose D, Kishore Kumar R; *TetrahedronLetters,* 47, 813, **2006.**

39. Kidwai M, Bansal V, Mishra NK, Bhatnagar D; *Indian J Chem,* 48B, 746, **2009.**

40. Ramakrishnan VT, Thirumalai D, Murugan P; *Indian J Chem,* 45B, 335, **2006.**

41. Martinez R, Ramon DJ, Yus M; *J Org Chem,* 73, 9778, **2008.**

42. Suchaud V, Bailly F, Lion C, Tramontane E, Esposito F, Corona A, Christ F, Debyser Z, Cotelle P; *Bioorg Med Chem Lett,* 22, 3988, **2012.**

43. Li-Min W, Liang H, Hong-Juan C, Yuan-Yuan S, Wei S; *J Fluor Chem,* 130, 406, **2009.**

44. Zarghi A, Ghodsi R, Azizi E, Daraie B, Hedayati M, Dadrass O; *Bioorg & Med Chem,* 17, 5312, **2009.**

45. Nandhakumar R, Suresh T, Calistus JAL, Rajesh KV, Mohan PS; *Eur J Med Chem,* 42, 1128, **2007.**

46. Desai NC, Rajpara KM, Joshi VV, Vaghani HV, Satodiya HM; *Med Chem Res,* **2012.** doi: 10.1007⁄s00044-012-0121-z.

47. Desai NC, Rajpara KM, Joshi W, Vaghani HV, Satodiya HM; *J Saudi Chem Soc,* **2011.** doi:10.1016/j.jscs.2011.11.021

48. Desai NC,DodiyaA M; *MedChem Res,*21, 1480, **2012.**

49. Paloque L, Verhaeghe P, Casanova M, Castera-Ducros C et al.; *Eur J Med Chem,* **2012.** doi:10.1016/j.ejmech.2012.04.029

50. Prasad R, Sekar M, Karnam J; *Journal of chemical technology & Biotechnology,* 72, 50, **1999.**

51. Voskiene A, Mickevicius V, Mikulskiene G; *ARKIVOC,* 15, 303, **2007.**

52. Shekarchia M, Pirali-Hamedania M, Navidpourb L, Adiba N, Shafieeb A; *J Iran Chem Soc,* 5, 150, **2008.**

53. Azizur Rahman Md., Siddiqui AA; *Indian J Pharm Sci Drug Res,* 2, 165, **2010.**

54. Almeida da Silva P.E., Ramos DF, Bonacorso HG, de la Iglesia Al et al.; *Int J Antimicro Agents,* 32, 139, **2008.**

55. Taj T, Kamble RR, Giresh TM, Hunnur RK e Margankop SB; *Eur J Med Chem,* 46, 4366, **2011.**

56. Khunt RC, Khedkar VM, Chawda RS, Chauhan NA, Parikh AR, Coutinho EC; *Bioorg Med Chem Lett,* 22, 666, **2012.**

57. Ozdemir A, Tauran-Zitouni G e Kaplancikli ZA; *Turk J Chem,* 32, 529, **2008.**

58. Ali MA, Shaharyar M e Siddiqui AA; *EurJ Med Chem,* 42, 268, **2007.**

59. Shaharyar M, Siddiqui AA, Ashraf Ali M; *Bioorg Med Chem Lett,* 16, 4571, **2006.**

Capítulo 2

Síntese e caraterização de derivados de pirazolinas com clubes de quinolina

Âmbito de aplicação do capítulo

Este capítulo apresenta dados experimentais, caraterização, bio-avaliação antimicrobiana, conclusões e referências

2.1. PROCEDIMENTO EXPERIMENTAL

preparação de 2-cloroquinolina-3-carbaldehidratos substituídos (la-ri) por reação de vilmeier-hack

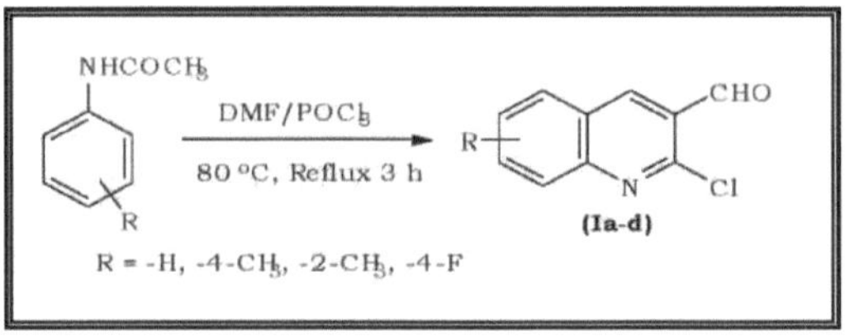

Preparação de 2-cloroquinolina-3-carbaldeídos substituídos (Ia-d)

Carregou-se dimetilformamida (0,0125 mol) num balão de fundo redondo de três gargalos equipado com um termómetro, um tubo de secagem, um agitador mecânico e arrefeceu-se a 0° C. Adicionou-se oxicloreto de fósforo (0.035 mol) foi adicionado gota a gota com agitação constante a 0-10° C. A uma solução, foram adicionadas as acetanilidas substituídas correspondentes (0,1 mol) e a mistura foi refluxada durante 3 h a 80° C. A massa de reação foi arrefecida à temperatura ambiente e vertida sobre gelo picado. O sólido separado foi filtrado, lavado com água e cristalizado a partir de acetato de etilo.

O progresso da reação e a pureza dos compostos **(Ia-d)** foram verificados em placas de TLC [sílica gel 60 F245 (E. Merck)] utilizando *n-hexano*:acetato de etilo (7:3) como irrigador e as placas foram visualizadas com luz ultravioleta (UV) ou vapor de iodo. Todos os compostos foram preparados pelo mesmo método e as suas constantes físicas estão registadas na **TABELA A.**

QUADRO A

Sr. No.	-R	Molecular Formula	% Yield	M. P. °C	Elemental Analysis					
					% Carbon		% Hydrogen		% Nitrogen	
					Calcd	Found	Calcd	Found	Calcd	Found
Ia	-H	$C_{10}H_6ClNO$	67	141	62.68	62.74	3.16	3.21	7.31	7.37
Ib	$-4-CH_3$	$C_{11}H_8ClNO$	76	189	64.25	64.31	3.92	3.86	6.81	6.75

SECÇÃO 5

PREPARAÇÃO DE 2-[5-(2-CLORO(3-QUINOLIL))-3-(ARIL)-2-PIRAZOLINIL]-1,3-TIAZOLIN-4-ONAS

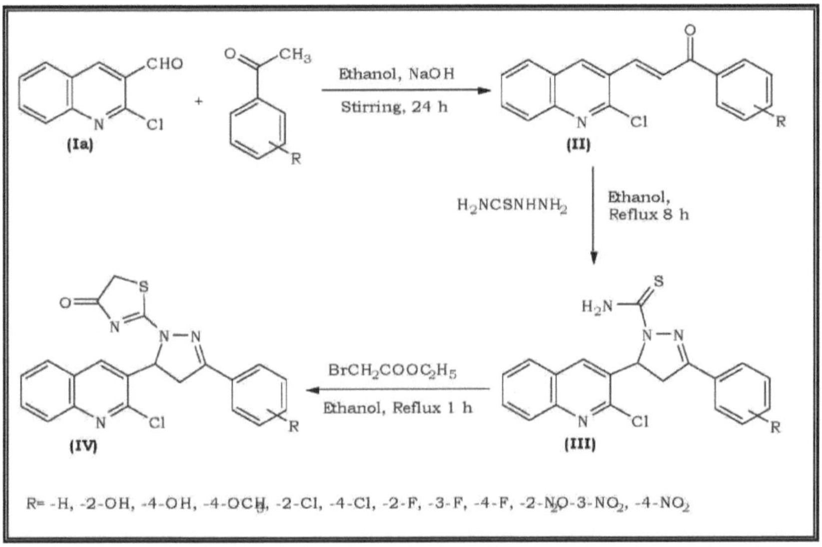

ESQUEMA SINTÉTICO 5

CONSTANTES FÍSICAS DAS 2-[5-(2-CLORO(3-QUINOLIL))-3-(ARIL)-2-PIRAZOLINIL]-1,3-TIAZOLIN-4-ONAS

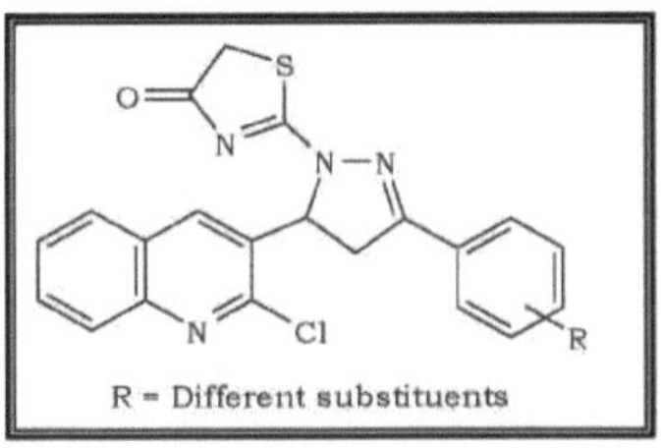

QUADRO 1

Sr. No.	-R	Molecular Formula	% Yield	M. P. °C	Elemental Analysis					
					% Carbon		% Hydrogen		% Nitrogen	
					Calcd	Found	Calcd	Found	Calcd	Found
VJ_1-1	-H	$C_{21}H_{15}ClN_4OS$	63	167	61.99	61.90	3.72	3.64	13.77	13.86
VJ_1-2	-2-OH	$C_{21}H_{15}ClN_4O_2S$	61	192	59.64	59.73	3.58	3.64	13.25	13.34
VJ_1-3	-4-OH	$C_{21}H_{15}ClN_4O_2S$	58	185	59.64	59.57	3.58	3.66	13.25	13.19
VJ_1-4	-4-OCH_3	$C_{22}H_{17}ClN_4O_2S$	60	199	60.48	60.55	3.92	3.84	12.82	12.77
VJ_1-5	-2-Cl	$C_{21}H_{14}Cl_2N_4OS$	59	229	57.15	57.23	3.20	3.13	12.69	12.75
VJ_1-6	-4-Cl	$C_{21}H_{14}Cl_2N_4OS$	55	164	57.15	57.09	3.20	3.27	12.69	12.63
VJ_1-7	-2-F	$C_{21}H_{14}ClFN_4OS$	53	177	59.36	59.42	3.32	3.40	13.19	13.13
VJ_1-8	-3-F	$C_{21}H_{14}ClFN_4OS$	61	143	59.36	59.28	3.32	3.40	13.19	13.25
VJ_1-9	-4-F	$C_{21}H_{14}ClFN_4OS$	59	180	59.36	59.40	3.32	3.27	13.19	13.12
VJ_1-10	-2-NO_2	$C_{21}H_{14}ClN_5O_3S$	55	177	55.82	55.90	3.12	3.18	15.50	15.57
VJ_1-11	-3-NO_2	$C_{21}H_{14}ClN_5O_3S$	58	154	55.82	55.77	3.12	3.20	15.50	15.44
VJ_1-12	-4-NO_2	$C_{21}H_{14}ClN_5O_3S$	52	170	55.82	55.88	3.12	3.07	15.50	15.46

PROCEDIMENTO EXPERIMENTAL

Preparação da 3-(2-cloro(3-quinolil)-l-fenilprop)-2-en-l-ona (II)

Uma mistura de 2-cloroquinolina-3-carbaldeído **la** (0,01 mol) e acetofenona (0,01 mol) foi agitada em hidróxido de sódio etanólico durante 24 horas à temperatura ambiente. O produto foi filtrado, lavado com água e cristalizado a partir de etanol (95%). Rendimento: 78%; p.m.: 178 °C; Anal, calcd. para C_{l8} H_{l2} C1NO: C-73.60, H-4.12, N-4.77; Encontrado: C-73.66, H-4.17, N-4.71%.

Preparação de amino[5-(2-cloro(3-quinolil))-3-fenil(2-pirazolinil)]metano-l-tiona (III)

Adicionou-se uma suspensão de chaicone II (0,01 mol), hidróxido de sódio (0,025 mol) em etanol (95%) (50 ml) e tiossemicarbazida (0,01 mol). A mistura foi refluxada durante 8 h. O produto foi vertido em gelo picado e a massa sólida que se separou foi filtrada, seca e cristalizada a partir de etanol (95%). Rendimento: 70%; m.p.: 134 °C; Anal, calcd. para C_{19} H_{15} CIN_4 S: C-62.20, H-4.12, N-15.27; Encontrado: C-62.26, H-4.06, N-15.20%.

Preparação de 2-[5-(2-cloro(3-quinolil))-3-fenil-2-pirazolinil]-l,3-tiazolin-4-um (IV) (VJ_s -l)

A uma suspensão do composto III (0,01 mol) em etanol (95%), adicionou-se bromoacetato de etilo (0,01 mol) e aqueceu-se a refluxo durante 1 h. Após arrefecimento, o produto separado foi filtrado e lavado. O produto foi cristalizado a partir de DMF. Rendimento: 63%; m.p.: 167 °C; Anal, calcd. para $C_2 IH_{I5} ClN_4$ OS: C-61.99, H-3.72, N-13.77; Encontrado: C-61.90, H-3.64, N-13.86%.

O progresso da reação e a pureza dos compostos **II, III** e **IV** foram verificados em placas de TLC [sílica gel 60 F_{245} (E. Merck)] utilizando *n-hexano*:acetato de etilo (7:3) como irrigador e as placas foram visualizadas com luz ultravioleta (UV) ou vapor de iodo. Todos os compostos desta série foram preparados utilizando o mesmo método e as suas constantes físicas estão registadas na **TABELA 1.**

SECÇÃO 6

PREPARATION OF 2-[5-(2-CHLORO-6-METHYL(3-QUINOLYL))-3-(ARYL)-2-PIRAZOLINIL]-1,3-TIAZOLIN-4-ONAS

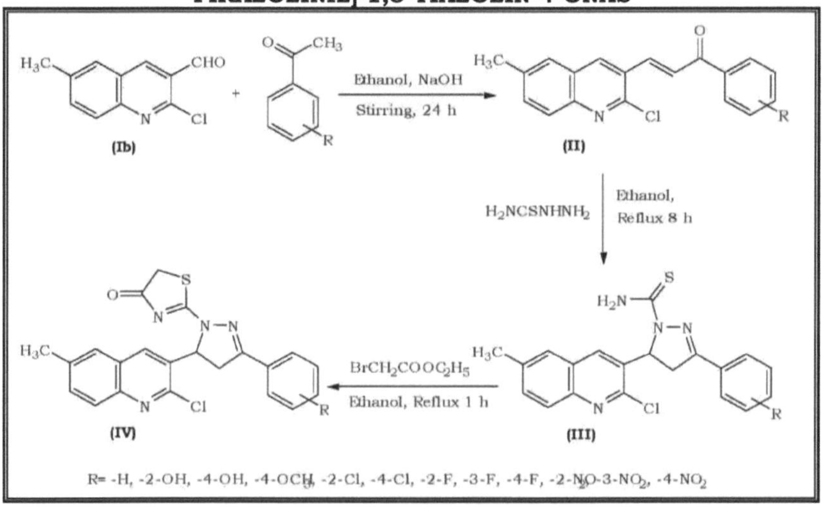

ESQUEMA SINTÉTICO 6

CONSTANTES FÍSICAS DAS 2-[5-(2-CLORO-6-METIL(3-QUINOLIL))-3-(ARIL)-2-PIRAZOLINIL]-1,3-TIAZOLIN-4-ONAS

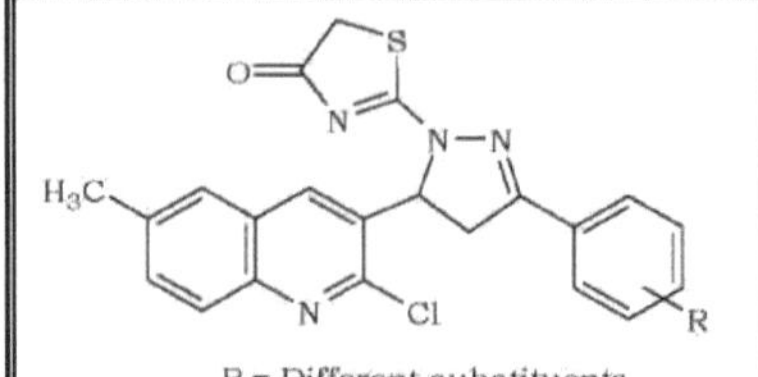

R = Different substituents

QUADRO 2

Sr. No.	-R	Molecular Formula	% Yield	M. P. °C	Elemental Analysis					
					% Carbon		% Hydrogen		% Nitrogen	
					Calcd	Found	Calcd	Found	Calcd	Found
VJ_2-1	-H	$C_{22}H_{17}ClN_4OS$	54	198	62.78	62.84	4.07	4.14	13.31	13.27
VJ_2-2	-2-OH	$C_{22}H_{17}ClN_4O_2S$	57	218	60.48	60.53	3.92	3.97	12.82	12.88
VJ_2-3	-4-OH	$C_{22}H_{17}ClN_4O_2S$	52	188	60.48	60.42	3.92	3.86	12.82	12.77
VJ_2-4	-4-OCH_3	$C_{23}H_{19}ClN_4O_2S$	60	201	61.26	61.32	4.25	4.32	12.42	12.36
VJ_2-5	-2-Cl	$C_{22}H_{16}Cl_2N_4OS$	58	182	58.03	58.11	3.54	3.48	12.30	12.24
VJ_2-6	-4-Cl	$C_{22}H_{16}Cl_2N_4OS$	52	195	58.03	57.97	3.54	3.59	12.30	12.37
VJ_2-7	-2-F	$C_{22}H_{16}ClFN_4OS$	59	186	60.20	60.27	3.67	3.74	12.77	12.72
VJ_2-8	-3-F	$C_{22}H_{16}ClFN_4OS$	56	186	60.20	60.13	3.67	3.62	12.77	12.71
VJ_2-9	-4-F	$C_{22}H_{16}ClFN_4OS$	51	186	60.20	60.15	3.67	3.72	12.77	12.82
VJ_2-10	-2-NO_2	$C_{22}H_{16}ClN_5O_3S$	55	213	56.71	56.77	3.46	3.50	15.03	15.08
VJ_2-11	-3-NO_2	$C_{22}H_{16}ClN_5O_3S$	54	200	56.71	56.73	3.46	3.41	15.03	15.10
VJ_2-12	-4-NO_2	$C_{22}H_{16}ClN_5O_3S$	50	178	56.71	56.83	3.46	3.52	15.03	14.96

PROCEDIMENTO EXPERIMENTAL

Preparação da 3-(2-cloro-6-metil(3-quinolil))-l-fenilprop-2-en-l-ona (II)

Uma mistura de 2-cloro-6-metilquinolina-3-carbaldeído lb (0,01 mol) e acetofenona (0,01 mol) foi agitada em hidróxido de sódio etanólico durante 24 horas à temperatura ambiente. O produto foi filtrado, lavado com água e cristalizado a partir de etanol (95%). Rendimento: 73%; m.p.: 153 °C; Anal, calcd. para $C_{19}H_{14}$ C1NO: C-74.15, H-4.58, N-4,55; Encontrado: C-74.21, H-4.52, N-4.61%.

Preparação do amino [5-(2-cloro-6-metil(3-quinolil))-3-fenil(2-pirazolinil)]metano-1-tiona (III)

Adicionou-se uma suspensão de chaicone II (0,01 mol), hidróxido de sódio (0,025 mol) em etanol (95%) (50 ml) e tiossemicarbazida (0,01 mol). A mistura foi refluxada durante 8 h. O produto foi vertido em gelo picado e a massa sólida que se separou foi filtrada, seca e cristalizada a partir de etanol (95%). Rendimento: 75%; m.p.: 139 °C; Anal, calcd. para $C_{20} H_{17} ClN_4 S$: C-63.07, H-4.50, N-14.71; Encontrado: C-63.13, H-4.57, N-14.77%.

Preparação da 2-[5-(2-cloro-6-metil(3-quinolil))-3-fenil-2-pirazolinil]-1,3-tiazolin-4-ona (IV) (VJg-1)

A uma suspensão do composto III (0,01 mol) em etanol (95%), adicionou-se bromoacetato de etilo (0,01 mol) e aqueceu-se em refluxo durante 1 h. Após arrefecimento, o produto separado foi filtrado e lavado. O produto foi cristalizado a partir de DMF. Rendimento: 60%; m.p.: 188 °C; Anal, calcd. para $C_{22} H_{17} C1N_4 OS$: C-62.78, H-4.07, N-13.31; Encontrado: C-62.84, H-4.16, N-13.22%.

O progresso da reação e a pureza dos compostos **II, III** e **IV** foram verificados em placas de TLC [sílica gel 60 F_{245} (E. Merck)] utilizando *n-hexano*:acetato de etilo (7:3) como irrigador e as placas foram visualizadas com luz ultravioleta (UV) ou vapor de iodo. Todos os compostos desta série foram preparados utilizando o mesmo método e as suas constantes físicas estão registadas na **TABELA 2.**

2.2 Caracterização

Os compostos recentemente sintetizados foram caracterizados por IR,[1] H NMR,[13] C NMR e dados de espectros de massa como se segue.

Parte-II, Série-1

A estrutura do composto **(VJι-l)** foi confirmada com base nos seus dados espectrais. O espetro de IV do composto **(VJι-l)** revelou uma forte banda de absorção a 1703 cm^{-1} devido ao grupo carbonilo. As bandas de absorção a 1545 e 1578 cm^{-1} devem-se a vibrações de estiramento correspondentes aos grupos C=C e C=N. Uma banda forte a 760 cm^{-1} deveu-se à vibração de estiramento C-C1 ligada ao anel aromático. Os seus espectros de RMN de^{1} H revelaram o aparecimento de um pico de singleto a δ = 4,01 ppm integrando dois protões do anel tiazol. Os protões CH_2 do anel pirazolina ressoaram como um par de duplos a δ 3,17 e 3,88 ppm. O protão CH do anel de pirazolina apareceu como dupleto de dupleto a δ 6,02 ppm devido ao acoplamento vicinal com os dois protões magneticamente não equivalentes do grupo metileno na posição 4 do anel de pirazolina. Os protões aromáticos e os protões CH=N apareceram na região δ = 7,39-8,38 ppm. ^{13}O espetro de RMN C do composto **(VJι-1)** mostrou o carbono carbonílico a δ = 187,5 ppm. O aparecimento de um sinal em torno de δ = 39,0 ppm foi atribuído ao grupo metileno do anel de tiazol. Um sinal apresentado a δ = 178,1 ppm foi devido ao C=N do anel tiazóico. Um sinal que apareceu a δ = 152,7 ppm foi atribuído ao carbono da quinolina ligado ao cloro. Além disso, o espetro de massa de **(VJι-1)** mostrou um pico de ião molecular a *m/z* = 406 (M^+) correspondente à fórmula molecular C_{25} H_{15} CI N_4 OS.

Todos os compostos sintetizados foram completamente caracterizados por métodos espectroscópicos e forneceram dados analíticos e espectrais satisfatórios. A estrutura do composto **(VJι-1)** está descrita na **Figura B.**

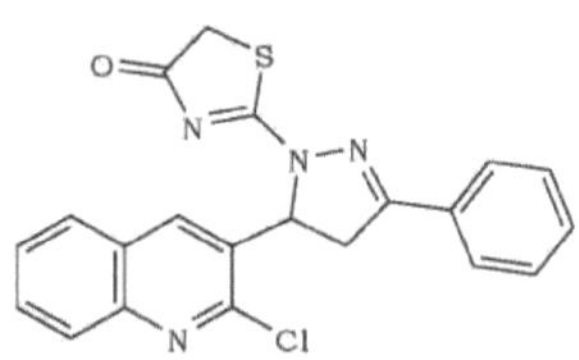

VJ5-1

Figura B

*Caracterização do 2-[5-(2-cloro(3-quinolil))-3-fenil-2-pirazolinil]-l,3-tiazolina-4-ona **(VJι-l)***

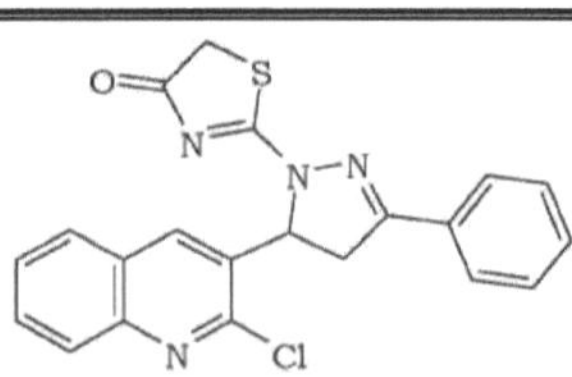

*As atribuições espectrais **de IV** (Figura-1) **(Quadro 3)***

No.	Wave number (cm^{-1})	Assignment
1	3067	C-H stretching, aromatic ring
2	2974, 2929	C-H stretching, $-CH_2$
3	1703	C=O stretching, amide
4	1578	>C=N- stretching, aromatic ring
5	1545	>C=C- stretching, aromatic
6	1343	C-N stretching
7	760	C-Cl stretching

*Atribuição dos desvios químicos **de RMN** (δ ppm) aos diferentes protões (Figura-2) **(Quadro 4)***

No.	Chemical shift (δ ppm)	Multiplicity	Proton assignment	No. of protons
1	3.17	Doublet of doublet	Hb-C-Ha-C	1
2	3.88	Doublet of doublet	Hb-C-Ha-C	1
3	4.01	Singlet	$-S=CH_2-$	2
4	6.02	Doublet of doublet	=CH-	1
5	7.39-8.38	Multiplet	Ar-H	10

*Padrão de fragmentação proposto **(LCMS)** (Figura-3) **(Quadro 5)***

No.	m/z	Relative intensity %	Ion
1	406	100%	(M^+) $C_{21}H_{15}ClN_4OS$

*Atribuição dos desvios químicos **de[13] C NMR** (δ ppm) aos diferentes carbonos. (Figura-4)*

(Quadro 6)

39.0 (C_5 of thiazolone), 42.2 (C_4 of pyrazoline), 60.1 (C_5 of pyrazoline), 126.3-144.8 (Ar-C), 152.6 (C-Cl of quinoline), 159.5 (C=N of pyrazoline), 178.1 (C=N of thiazolone), 187.5 (C=O of thiazolone)

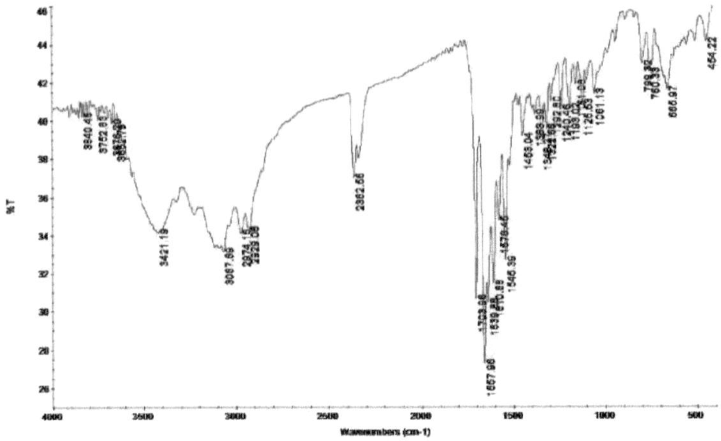

Figura 1

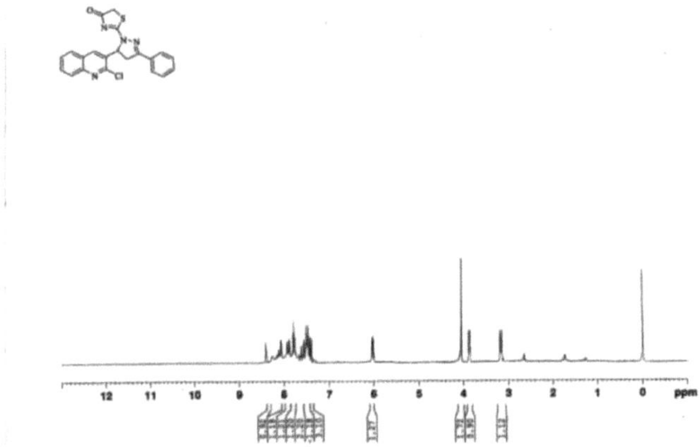

Figura 2

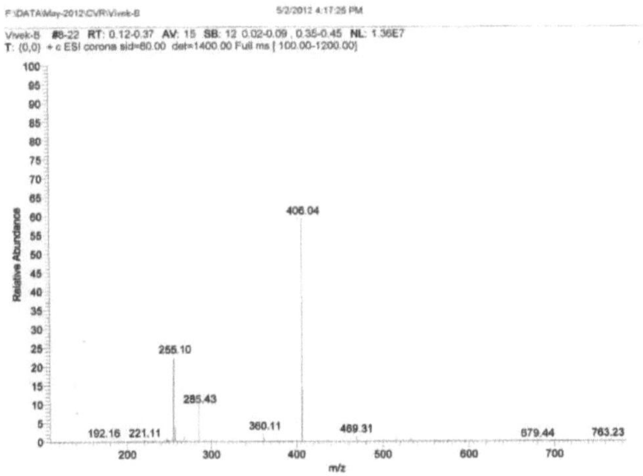

Figura 3

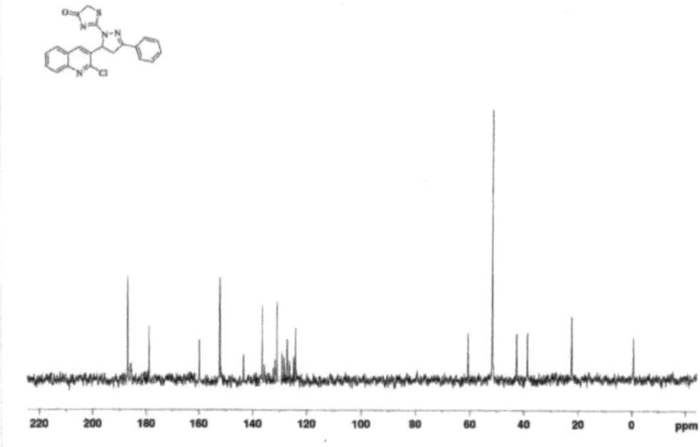

Figura 4

*Caracterização do 2-[5-(2-cloro-6-metil(3-quinolil))-3-fenil-2-pirazolinil]-l,3-tiazolina-4-ona **(VJ$_2$ -1)***

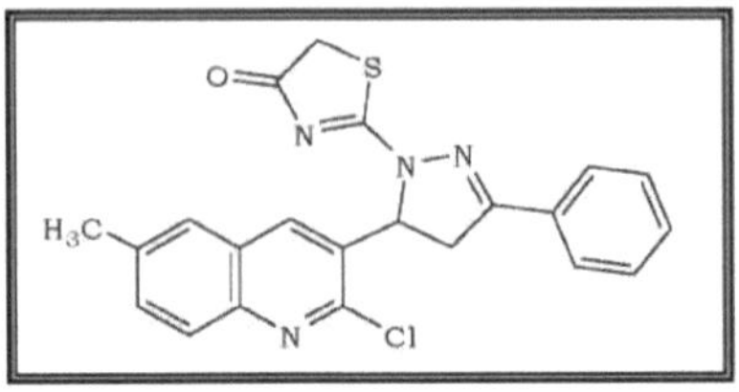

As atribuições espectrais ***de IV*** *(Figura-15)* ***(Quadro 7)***

No.	Wave number (cm^{-1})	Assignment
1	3048	C-H stretching, aromatic ring
2	2964, 2923	C-H stretching, $-CH_2$ and $-CH_3$
3	1673	C=O stretching, amide
4	1597	>C=N- stretching, aromatic ring
5	1510	>C=C- stretching, aromatic
6	1383	C-H bending, $-CH_3$
7	1341	C-N stretching
8	751	C-Cl stretching

Atribuição dos desvios químicos ***de RMN*** *(δ ppm) aos diferentes protões (Figura-16)* ***(Quadro 8)***

No.	Chemical shift (δ ppm)	Multiplicity	Proton assignment	No. of protons
1	2.35	Singlet	$-C\underline{H}_3$	3
2	3.19	Doublet of doublet	Hb-C-$\underline{H}$a-C	1
3	3.85	Doublet of doublet	$\underline{H}$b-C-Ha-C	1
4	4.05	Singlet	$-S=C\underline{H}_2-$	2
5	6.08	Doublet of doublet	=C$\underline{H}$-	1
6	7.41-8.39	Multiplet	Ar-$\underline{H}$	9

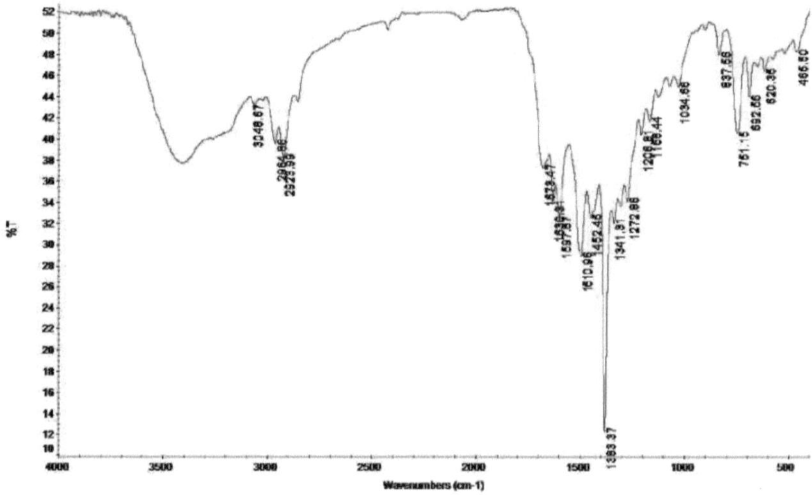

Figura 5

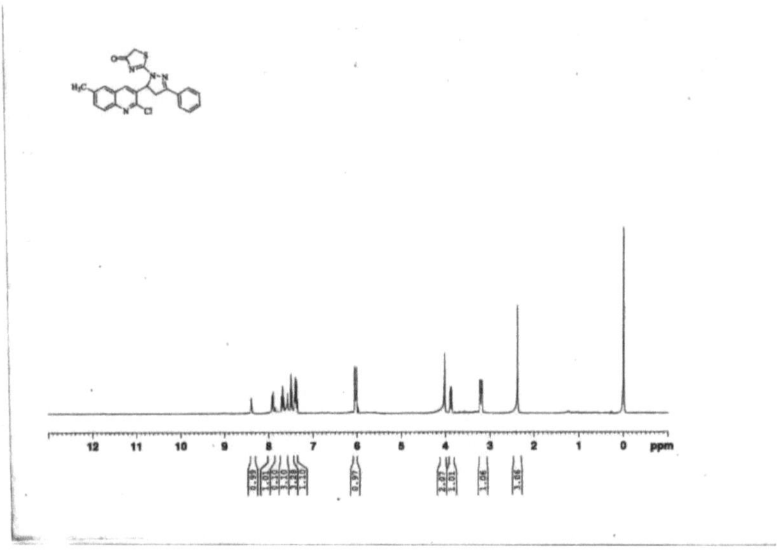

Figura 6

2.3 Atividade biológica dos compostos sintetizados

Introdução:

A doença do legionário, a gripe, a iterícia, a tuberculose, a febre tifoide, as dermatomicoses, a disenteria, a malária, etc. são doenças humanas causadas por microrganismos (bactérias e fungos). Sabe-se também que os animais (infectados com brucelose, tularemia, etc.) e as plantas (infectadas com míldio, ferrugem, smuts, cancros, manchas foliares, etc.) são vítimas de agentes patogénicos microbianos. Existem cerca de 10 vezes mais células bacterianas do que células humanas no corpo humano, com um grande número de bactérias na pele e no trato digestivo.[1] Embora a grande maioria destas bactérias se torne inofensiva ou benéfica devido aos efeitos protectores do sistema imunitário, algumas bactérias patogénicas causam doenças infecciosas, incluindo a cólera, a sífilis, o carbúnculo, a lepra e a peste bubónica. As doenças bacterianas mortais mais comuns são as infecções respiratórias, tanto quanto se sabe; a humanidade é estreitamente influenciada pelas actividades dos microrganismos. Os microrganismos fazem parte da nossa vida de mais formas do que a maioria de nós compreende. Os microrganismos não devem ser considerados separados dos seres humanos, mas devem ser considerados como parte da nossa vida. Os microrganismos têm uma profunda influência benéfica na nossa vida quotidiana. São utilizados no fabrico de produtos lácteos, de certos alimentos, no fabrico de certos produtos químicos e de muitas outras formas.

As bactérias são microorganismos unicelulares. Têm normalmente alguns micrómetros de comprimento e muitas formas, incluindo esferas, bastonetes e espirais. Os microrganismos têm desempenhado um papel importante na guerra, na religião e na migração das populações. O controlo da população microbiana é necessário para evitar a transmissão de doenças, a infeção, a decomposição, a contaminação e a deterioração causadas por eles.[2] O conforto pessoal e a conveniência do homem dependem em grande medida do controlo da população microbiana.

Bactérias:

As bactérias são uma forma de vida antiga e bem sucedida, bastante diferente dos eucariotas (que incluem os fungos, as plantas e os animais). São células pequenas, que se encontram no ambiente como células individuais ou agregadas em grupos, e a sua estrutura intracelular é muito mais simples do que a dos eucariotas.

As bactérias têm um único cromossoma de ADN circular que se encontra no citoplasma da célula, uma vez que não têm um núcleo. De facto, não possuem nenhum dos organelos intracelulares tão caraterísticos das células eucarióticas, como o aparelho de Golgi, o retículo endoplasmático, os lisossomas ou as mitocôndrias. No entanto, são geralmente capazes de "vida livre" e, por conseguinte, possuem toda a maquinaria biossintética necessária para o efeito, incluindo ribossomas 70S (por oposição às formas maiores 80S encontradas nos eucariotas) distribuídos por todo o citoplasma.

A região mais complexa da célula é frequentemente a superfície celular. A parede celular/membrana externa é descrita abaixo, mas, além disso, algumas bactérias podem segregar uma cápsula polissacárida na sua superfície externa, algumas podem ter flagelos que necessitam para a sua mobilidade e algumas podem ter projecções externas, como fímbrias e pili, que são úteis para a aderência no habitat escolhido. Embora as bactérias sejam geralmente muito mais simples do que as células eucarióticas, são extremamente eficientes dentro do seu pequeno nicho - e isto pode incluir a capacidade de causar infecções humanas. As bactérias multiplicam-se por fissão binária e não existe interação sexual.[3]

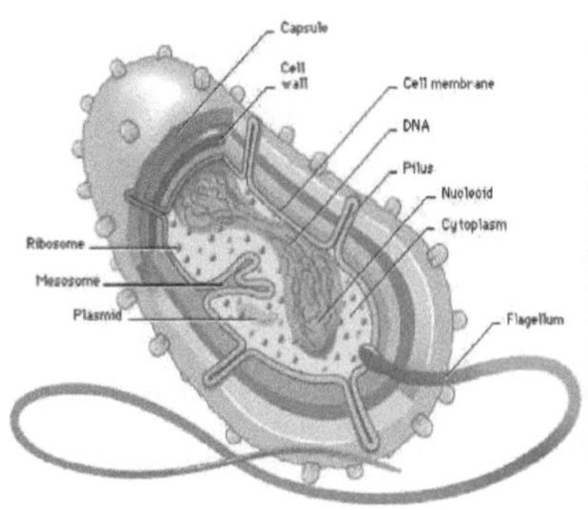

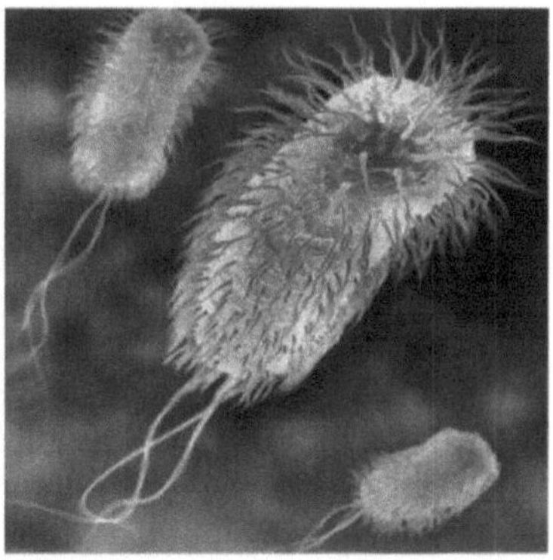

O nome *bactéria* foi introduzido por um cientista alemão, Christian Gottfried Ehrenberg, em 1828, para designar pequenos organismos microscópicos com uma forma relativamente simples e primitiva de organização celular conhecida como "procariótica". Ao contrário dos animais e de outros eucariotas, as células bacterianas não contêm um núcleo ou outros organelos ligados à membrana.

Embora o termo *bactéria* incluísse tradicionalmente todos os procariotas, a nomenclatura científica mudou após a descoberta de que a vida procariótica consiste em dois grupos muito diferentes de organismos que evoluíram independentemente de um ancestral comum antigo. Estes domínios evolutivos são designados por Bactérias e Archaea.[4]

O estudo da biologia das bactérias requer algum conhecimento da reação da coloração de Gram. Esta técnica é essencial para a identificação e classificação das bactérias. Em 1884, Hans Christian Gram descobriu que as bactérias podiam ser divididas em dois grupos. Neste processo, são vertidos corantes púrpura sobre bactérias que foram espalhadas numa lâmina de microscópio e as paredes celulares das bactérias (feitas de peptidoglicano) absorvem a cor. Se, em seguida, se aplicar um solvente à lâmina, as bactérias que têm apenas uma parede celular mantêm a sua cor púrpura, mas as bactérias que têm uma membrana celular extra (feita de fosfolípidos) fora da sua parede celular perdem rapidamente a coloração púrpura e tornam-se incolores; para poder ver estas bactérias ao microscópio, utiliza-se então uma segunda coloração vermelha.

As bactérias que conseguem manter o corante roxo original têm apenas uma parede celular - são chamadas **Gram-positivas.**

As bactérias que perdem o corante púrpura original e podem, por isso, absorver o segundo corante **vermelho**, têm uma parede e uma membrana celular - são chamadas **Gramnegativas.**

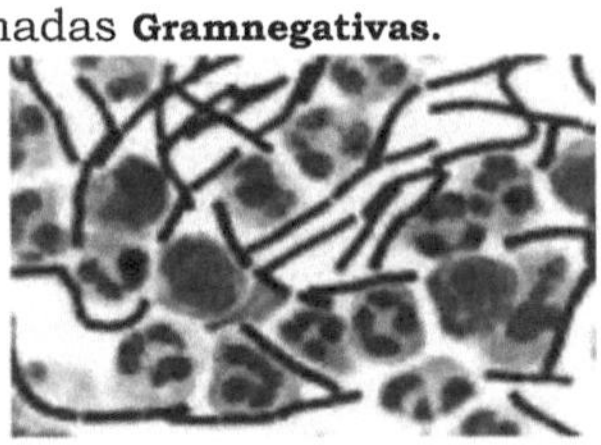

Gram-positive

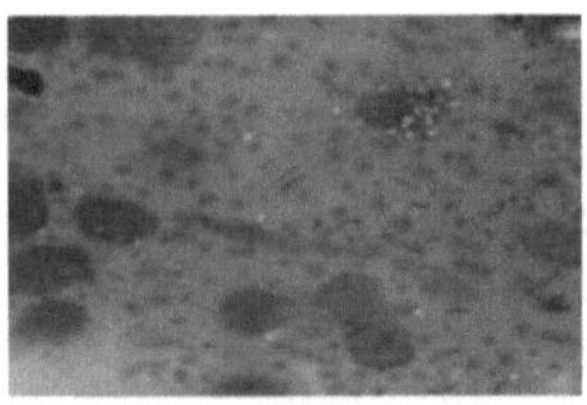

Gram-negative

As bactérias Gram-positivas têm uma parede celular composta por uma única camada espessa de peptidoglicano. As bactérias Gram-negativas têm uma parede celular com várias camadas mais finas compostas por peptidoglicano, lipopolissacárido e proteínas. A reação de coloração de Gram pode identificar as bactérias como Gram-positivas ou Gram-negativas, mas são necessárias colorações potencialmente confusas e microscópios caros. O teste de KOH é um método mais rápido e mais simples para determinar a mesma reação. Quando as

células bacterianas Gram-negativas são colocadas numa solução alcalina (KOH a 3%), as paredes celulares são destruídas e o conteúdo celular, incluindo o ADN, é libertado. Devido ao facto de a estrutura da sua parede celular ser diferente, as bactérias Gram-positivas não sofrem lise em KOH a 3%. O método KOH foi originalmente desenvolvido por um cientista japonês chamado Ryu em 1938. A coloração de Gram é um importante instrumento de diagnóstico na medicina humana, uma vez que alguns antibióticos são eficazes apenas contra
bactérias Gram-negativas (*por exemplo,* eritromicina) e algumas apenas contra as Gram-positivas (*por exemplo,* penicilina, actinomicina). As bactérias também causam doenças nas plantas. A maioria das bactérias patogénicas para as plantas são Gram negativas (*Agrobacterium, Erwinia, Pseudomonas, Rdlstonia* e *Xanthomonas).* Alguns géneros bacterianos encontrados em associação com plantas são Gram-positivos (*Bacillus, Clauibacter,* e *Streptomyces).*=
Para a avaliação da atividade antibacteriana no nosso caso, utilizámos *Staphylococcus aureus* e *Streptococcus pyogenes* do grupo de bactérias Gram-positivas e *Escherichia coli* e *Pseudomonas aeruginosa* do grupo de bactérias Gram-negativas

Atividade antimicrobiana dos compostos sintetizados:

Calcula-se que a esperança de vida dos seres humanos tenha aumentado quase uma década desde a descoberta de agentes antimicrobianos contra infecções microbianas. Uma consequência do nosso sucesso com os agentes antibacterianos e a melhoria dos cuidados médicos é o aumento do número de infecções fúngicas. A incidência de infecções fúngicas aumentou dramaticamente nos últimos 20 anos, em parte devido ao aumento do número de pessoas cujo sistema imunitário está comprometido pela SIDA, pelo envelhecimento, pelo transplante de órgãos ou pela terapia do cancro. Consequentemente, o aumento das taxas de morbilidade e mortalidade das infecções foi agora reconhecido como um problema importante. Em resposta, a indústria farmacêutica desenvolveu uma série de novos antifúngicos menos tóxicos para utilização clínica. A sua utilização crescente, muitas vezes durante um período prolongado, levou ao aumento da incidência de infecções com espécies menos comuns, com resistência intrínseca a um ou mais dos agentes antifúngicos disponíveis.

Os fungos são eucariotas não fotossintéticos que crescem quer como colónias de células individuais (leveduras) quer como agregados multicelulares filamentosos (bolores). A maioria dos fungos vive como sapróbios no solo ou em material vegetal morto e são importantes na mineralização da matéria orgânica. Alguns são patogénicos para o homem e para os animais. Os métodos *in vitro* utilizados para a deteção da potência antifúngica são semelhantes aos utilizados no rastreio antibacteriano. Tal como acontece com as bactérias, é fácil descobrir vários compostos sintéticos e naturais que, em quantidades mínimas, podem retardar ou impedir o crescimento de fungos.

Métodos de rastreio da atividade antimicrobiana:

> As seguintes condições devem ser seguidas para o rastreio da atividade antimicrobiana ' :[68]

Deve haver um contacto íntimo entre os organismos de ensaio e a substância a ser avaliada.

Devem ser criadas as condições necessárias para o crescimento de microrganismos.

As condições devem ser as mesmas durante o estudo.

Deve ser mantido um ambiente assético/estéril.

Vários métodos têm sido utilizados de tempos a tempos por diversos trabalhadores para avaliar a atividade antimicrobiana. A avaliação pode ser efectuada através dos seguintes métodos:

- Método turbidométrico
- Método de diluição em estrias de ágar
- Método de diluição em série
- Método de difusão em ágar

> As técnicas seguintes são utilizadas como método de difusão em ágar:

- Método do copo de ágar
- Método da vala de ágar
- Método do disco de papel

Utilizámos o **método de diluição em caldo** para analisar a atividade antimicrobiana.

É um dos testes de suscetibilidade microbiana *in nitro* não automatizados. Este método clássico produz um resultado quantitativo da quantidade de agentes antimicrobianos necessária para inibir o crescimento de microrganismos específicos. É efectuado em tubos.

- Método de Macrodiluição em Tubos
- Formato de microdiluição utilizando tabuleiros de plástico

No presente protocolo, utilizámos o formato de microdiluição.

Material e método:

1. Todos os fármacos sintetizados foram utilizados em procedimentos de teste antimicrobiano
2. Todos os controlos necessários, como:

> Controlo da droga

> Controlo do veículo

> Controlo em ágar

> Controlo dos organismos

> Controlo de medicamentos antimicrobianos conhecidos

> Todas as culturas MTCC foram testadas contra as drogas conhecidas e desconhecidas acima mencionadas

> O caldo Mueller hinton foi utilizado como meio nutriente para cultivar e diluir a suspensão do medicamento para o microrganismo testado

> O tamanho do inóculo para a estirpe de ensaio foi ajustado para 10^6 UFC [Unidade Formadora de Colónias] por mililitro, comparando a turvação

> A técnica de diluição em série foi seguida pelo método micro, de acordo com o manual NCCLS-1992[9]

> Para o rastreio das actividades antibacterianas e antifúngicas, foram utilizadas as seguintes estirpes padrão comuns. As estirpes foram obtidas no Instituto de Tecnologia Microbiana, Chandigarh

❖ *Escherichia coli* (Gram-negative)	MTCC-443
❖ *Pseudomonas aeruginosa* (Gram-negative)	MTCC-1688
❖ *Staphylococcus aureus* (Gram-positive)	MTCC-96
❖ *Streptococcus pyogenes* (Gram-positive)	MTCC-442
❖ *Candida albicans*	MTCC-227
❖ *Aspergillus niger*	MTCC-282
❖ *Aspergillus clavatus*	MTCC-1323

Foi utilizado DMSO a 2% como diluente/veículo para obter a concentração desejada de fármacos para testar em estirpes bacterianas padrão.

Concentração mínima de inibição (MIC)

A principal vantagem do "**Método de Diluição em Caldo**" para a determinação da CIM reside no facto de poder ser facilmente convertido para determinar também a CIM.

1. Foram preparadas diluições em série para o rastreio primário e secundário.
2. O tubo de controlo que não contém antibiótico é imediatamente submetido a uma subcultura [antes da inoculação], espalhando uma gota uniformemente sobre um quarto de [placa de meio adequado para o crescimento do organismo testado] e colocado em incubação a 37^0 C durante a noite. Os tubos são então incubados durante a noite.
3. A CIM do organismo de controlo é lida para verificar a exatidão das concentrações do medicamento.
4. A concentração mais baixa que inibe o crescimento do organismo é registada como CIM.
5. A quantidade de crescimento do tubo de controlo antes da incubação [que representa o inóculo original] é comparada.

Métodos utilizados para o rastreio primário e secundário:

Cada fármaco sintetizado foi diluído obtendo-se 2000 µg/mL de concentração, como solução estoque.

Rastreio primário: Na triagem primária, foram tomadas concentrações de 1000 µg/mL, 500 µg/mL e 250 µg/mL dos fármacos sintetizados. Os medicamentos sintetizados ativos encontrados nesta triagem primária foram testados em um segundo conjunto de diluição contra todos os microrganismos.

Triagem secundária: Os medicamentos considerados ativos na triagem primária foram diluídos de forma semelhante para obter 200 µg/mL, 100 µg/mL, 50 µg/mL, 25 µg/mL, 12,5 µg/mL e 6,250 µg/mL concentrações.

Resultado da leitura:

A diluição mais elevada que apresenta pelo menos 99 % de zona de inibição é considerada como CIM. O resultado é muito afetado pelo tamanho do inóculo. A mistura de teste deve conter 10^6 organismo/mL.

O medicamento padrão:

O medicamento padrão usado no presente estudo é a "**ciprofloxacina**" para avaliar a atividade antibacteriana, que mostrou 25, 25, 50 e 50 µg/mL MIC em seis conjuntos contra *E. coli, P. aeruginosa, S. aureus* e S. *pyogenes*, respetivamente. **A "griseofulvina"** é usada como medicamento padrão para a atividade antifúngica, que mostrou 500, 100 e 100 µg/mL de MIC em seis conjuntos contra C. *albicans, A.niger* e *A. davatus*, respetivamente, usados para a atividade antifúngica.

Análise estatística

O valor do desvio padrão foi expresso em termos de ± DP. Com base no valor calculado através do método ANOVA unidirecional seguido de um teste *t* independente de duas amostras, observou-se que as diferenças inferiores a 0,001 foram consideradas estatisticamente significativas. Os compostos foram analisados quanto às suas actividades antibacterianas e antifúngicas em seis conjuntos (n) contra bactérias e fungos utilizados no presente protocolo.

±SD = Desvio padrão, *** $P < 0,001$ extremamente significativo, ** $P < 0,01$ moderadamente significativo, * $P < 0,05$ significativo. Todos os valores são apresentados como média de 6 experiências (n=6). Todas as diferenças significativas são consideradas em relação ao valor de controlo 0,00

Fotografias das estirpes utilizadas para as actividades antibacteriana e antifúngica

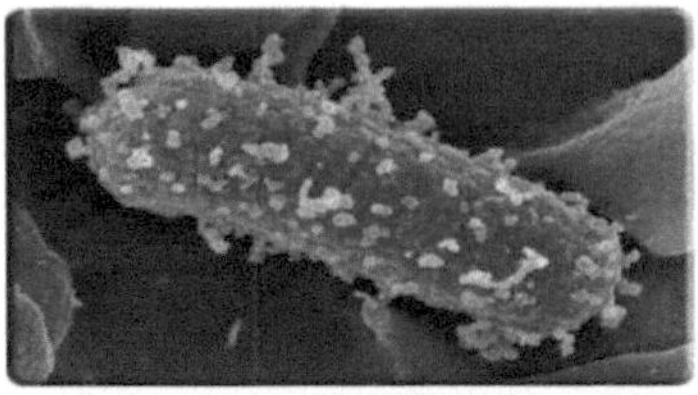

E. coli

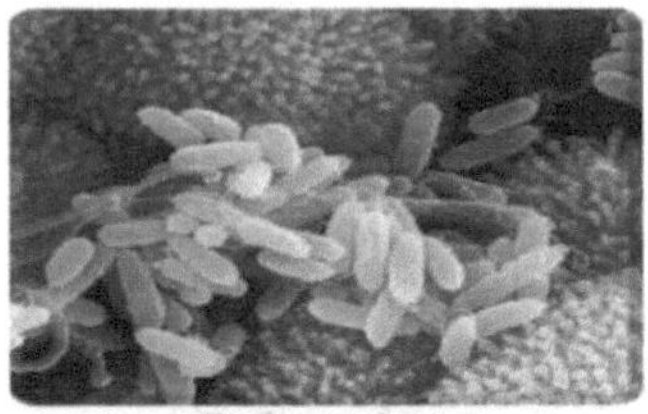

P. Aeruginosa

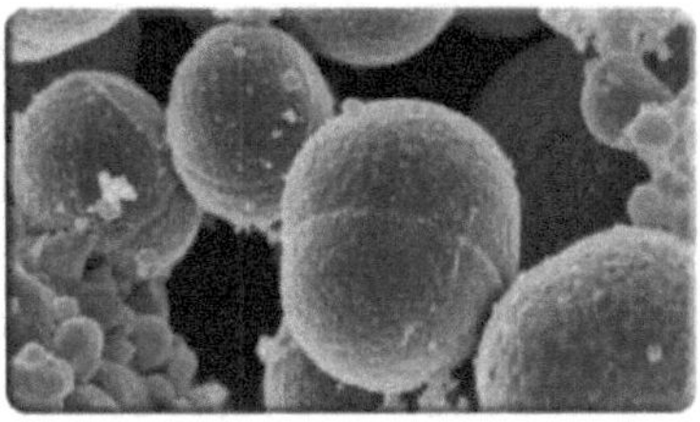

S. aureus

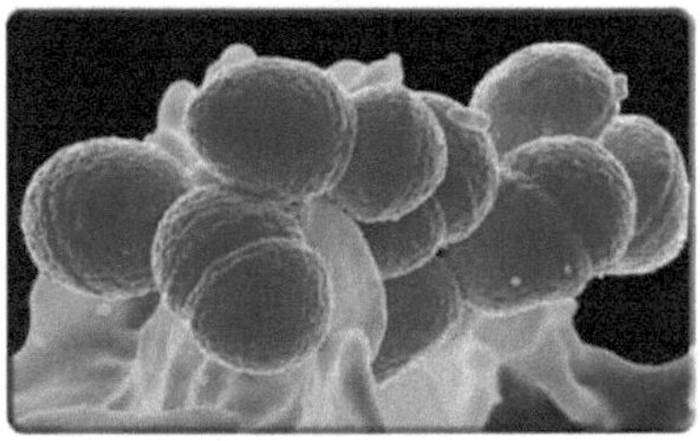

S. Pyogenes

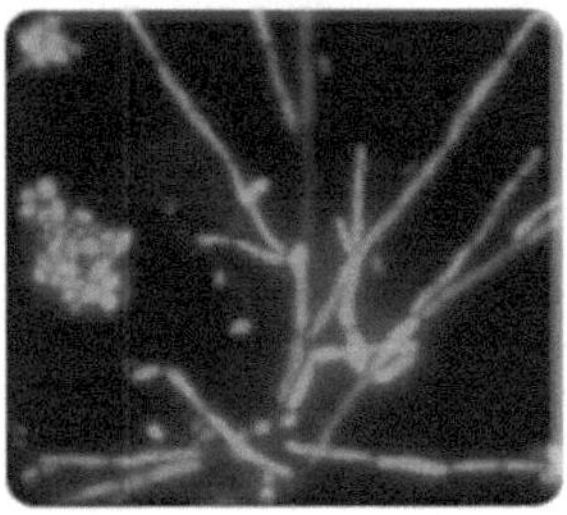

C. albicans

A. niger

A. clavatus

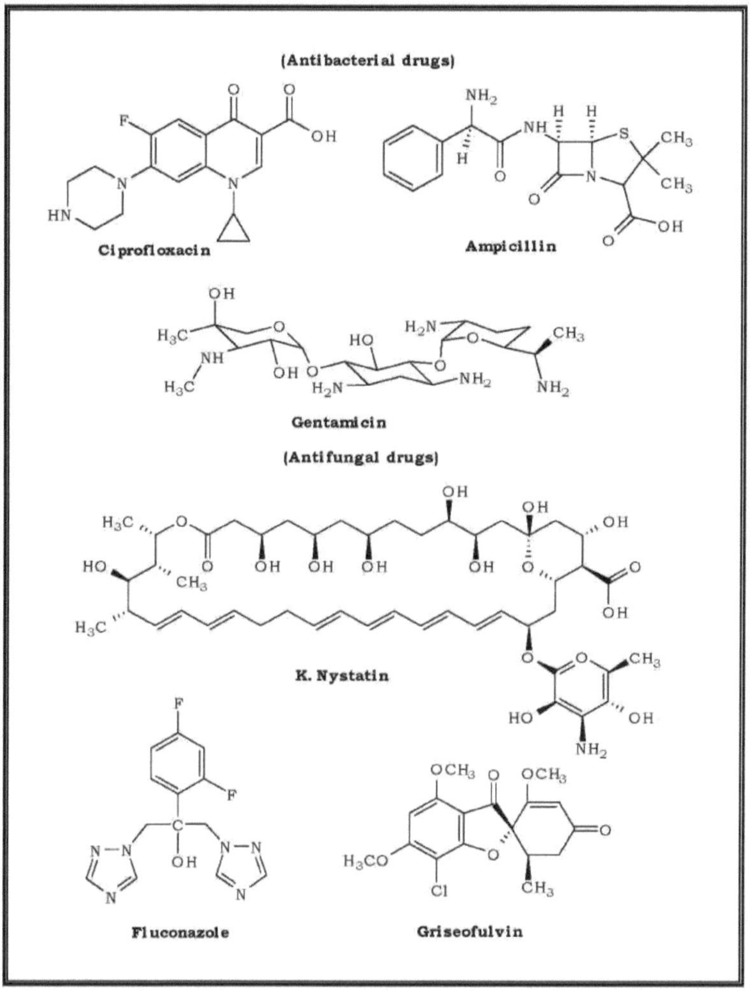
(Antibacterial drugs)
Ciprofloxacin
Ampicillin
Gentamicin
(Antifungal drugs)
K. Nystatin
Fluconazole
Griseofulvin

QUADRO-9: ACTIVIDADE ANTIMICROBIANA DE 2-[5-(2-CLORO(3-QUINOLIL))-3-(ARYL)- 2-PYRAZOLINYL]- 1,3-THIAZOLIN-4-ONES

Sr. No.	-R	Minimum inhibitory concentration (MIC) for bacteria (μg/mL) ± SD				Minimum inhibitory concentration (MIC) for fungi (μg/mL) ± SD		
		E. coli MTCC 443	*P. aeruginosa* MTCC 1688	*S. aureus* MTCC 96	*S. pyogenes* MTCC 442	*C. albicans* MTCC 227	*A. niger* MTCC 282	*A. clavatus* MTCC 1323
VJ_1-1	-H	250±3.05**	500±1.00*	500±2.04**	1000±3.46	1000±4.04*	1000±3.70	1000±4.50*
VJ_1-2	-2-OH	500±1.00*	250±1.50**	500±3.21	250±3.60**	1000±2.88**	1000±1.60**	500±1.00**
VJ_1-3	-4-OH	250±1.52**	500±2.04	500±4.04***	500±2.05	1000±4.61*	500±3.16**	500±2.04*
VJ_1-4	-4-OCH_3	500±1.20***	250±1.60**	500±2.04*	250±1.92***	1000±2.64*	500±1.60	1000±2.05*
VJ_1-5	-2-Cl	500±3.21**	250±2.88*	25±2.05**	50±1.69**	500±3.60	50±1.20***	100±4.50
VJ_1-6	-4-Cl	50±2.19	100±4.04***	250±4.60	50±3.78*	500±2.56	100±1.16*	50±4.72***
VJ_1-7	-2-F	50±3.60**	50±4.16	50±3.16*	25±3.78**	1000±4.72*	250±1.18**	100±3.78**
VJ_1-8	-3-F	500±1.60*	250±2.04**	500±1.60***	100±1.21***	100±1.52**	500±4.16*	500±3.46*
VJ_1-9	-4-F	25±1.78**	50±3.21***	50±1.05*	500±4.16**	250±2.18*	50±1.04***	500±4.04*
VJ_1-10	-2-NO_2	50±1.40***	100±3.26*	250±1.78**	50±1.61**	250±4.72**	100±1.60*	100±3.60*
VJ_1-11	-3-NO_2	250±3.61*	500±1.60	1000±4.16	500±3.21***	500±2.72	100±1.58***	50±1.00
VJ_1-12	-4-NO_2	25±1.78*	12.5±3.78**	50±2.04**	25±1.16	100±2.32*	25±1.60**	12.5±2.52***
Ciprofloxacin		25±2.15	25±0.98	50±1.52	50±2.08	-	-	-
Griseofulvin		-	-	-	-	500±0.60	100±1.62	100±1.20

TABELA-10: ACTIVIDADE ANTIMICROBIANA DE 2-[5-(2-CLORO-6-METIL(3-QUINOLYL))-3-(ARYL)-2-PYRAZOLINYL]-1,3-THIAZOLIN-4-ONES

Sr. No.	-R	Minimum inhibitory concentration (MIC) for bacteria (μg/mL) ± SD				Minimum inhibitory concentration (MIC) for fungi (μg/mL) ± SD		
		E. coli MTCC 443	*P. aeruginosa* MTCC 1688	*S. aureus* MTCC 96	*S. pyogenes* MTCC 442	*C. albicans* MTCC 227	*A. niger* MTCC 282	*A. clavatus* MTCC 1323
VJ_2-1	-H	500±3.05**	250±1.00*	250±2.04*	500±3.46	1000±4.61*	500±3.70	500±4.50*
VJ_2-2	-2-OH	500±1.00*	500±1.50**	500±3.21	250±3.60**	1000±2.88**	500±1.60**	1000±1.00**
VJ_2-3	-4-OH	500±1.52**	250±2.04	500±4.04***	250±1.92***	1000±4.06*	1000±3.16***	1000±2.04*
VJ_2-4	-4-OCH_3	500±1.00*	500±1.60**	500±2.04*	500±2.05	1000±2.64*	500±1.60	500±2.05*
VJ_2-5	-2-Cl	50±3.21**	50±2.88*	250±4.60	50±1.69**	100±1.52	50±1.16*	100±4.50
VJ_2-6	-4-Cl	250±1.20***	100±4.04	50±2.05**	50±3.78*	500±3.06	100±1.20***	50±4.72***
VJ_2-7	-2-F	25±1.78**	250±4.16	100±1.05*	500±3.78**	100±4.72*	50±1.04***	500±3.78**
VJ_2-8	-3-F	500±1.60*	100±2.04**	500±1.60***	100±1.21***	1000±1.52**	500±4.16*	500±3.46*
VJ_2-9	-4-F	50±3.60**	50±3.21***	100±3.16*	25±4.16**	250±2.18*	250±1.18*	100±4.04*
VJ_2-10	-2-NO_2	25±1.78*	12.5±3.78**	250±1.78**	25±1.16*	250±4.72**	50±1.60**	12.5±2.52***
VJ_2-11	-3-NO_2	250±3.61*	500±1.60	500±4.16***	500±3.21**	500±3.52	100±1.58***	50±1.00
VJ_2-12	-4-NO_2	50±1.40***	250±3.26*	100±2.04**	50±1.61**	500±2.32*	25±1.60*	100±3.60*
Ciprofloxacin		25±1.68	25±1.48	50±0.86	50±1.42	-	-	-
Griseofulvin		-	-	-	-	500±0.68	100±1.22	100±1.36

2.4 Conclusão

Preâmbulo

Desde o último meio século, em Química Medicinal, existe um grande problema de estirpes de resistência bacteriana, e as doenças antibacterianas e antifúngicas são prevalecentes em todo o mundo. Por esta razão, os medicamentos atualmente disponíveis não são suficientes para o tratamento de certas doenças como a SIDA, o cancro e as infecções antivirais. Por conseguinte, a procura de novas entidades químicas é um processo contínuo.

O trabalho selecionado para a tese foi construído com a ideia principal de co-relacionar a estrutura das moléculas bioactivas e a atividade antimicrobiana. Com base na pesquisa bibliográfica e na atividade biológica relatada na química medicinal dos compostos como os derivados de imidazol, tiazolidinona, quinolina, pirazol, pirazolina e tiazol, modificámos as alterações estruturais específicas e o padrão é alargado para a procura de novas moléculas bioactivas.

Sintetizámos uma série de **24** compostos utilizando uma abordagem de síntese aleatória e estes compostos foram analisados quanto às suas actividades antibacteriana e antifúngica. Os resultados das actividades biológicas foram expressos sob a forma de Concentração Inibitória Mínima para bactérias (MICB) e Concentração Inibitória Mínima para fungos (MIC_F).

Os resultados da atividade antibacteriana são apresentados sob a forma de excelente, bom e moderado **(Quadro 11)**

	E. coli	*P. aeruginosa*	*S. aureus*	*S. pyogenes*
Compounds having excellent activity (**12.5** µg/mL)	----	VJ_5-12, VJ_6-10	----	----
Compounds having good activity (**25** µg/mL)	VJ_5-9, VJ_5-12, VJ_6-7, VJ_6-10	----	VJ_5-5	VJ_5-7, VJ_5-12, VJ_6-9, VJ_6-10
Compounds having moderate activity (**50** µg/mL)	VJ_5-6, VJ_5-7, VJ_5-10, VJ_6-5, VJ_6-9, VJ_6-12	VJ_5-7, VJ_5-9, VJ_6-5, VJ_6-9	VJ_5-7, VJ_5-9, VJ_5-12, VJ_6-6	VJ_5-5, VJ_5-6, VJ_6-5, VJ_6-6, VJ_6-12

Os resultados da atividade antifúngica são apresentados sob a forma de excelente, bom e moderado **(Quadro 12)**

	C. albicans	*A. niger*	*A. clavatus*
Compounds having excellent activity (**12.5** µg/mL)	----	----	VJ_5-12, VJ_6-10
Compounds having good activity (**25** µg/mL)	----	VJ_5-12, VJ_6-12	----
Compounds having moderate activity (**50** µg/mL)	----	VJ_5-5, VJ_5-9, VJ_6-5, VJ_6-7, VJ_6-10	VJ_5-6, VJ_5-11, VJ_6-6, VJ_6-11

Protocolo da concentração: *Para a atividade antibacteriana, no presente protocolo,* ***50 µg/mL*** *foi considerado como atividade moderada,* ***25 µg/mL*** *foi considerado como boa atividade e* ***12,5 µg/mL*** *foi considerado excelente atividade em comparação com o medicamento padrão ciprofloxacina. No caso da atividade antifúngica, no presente protocolo,* ***50 µg/mL*** *foi considerado como atividade moderada,* ***25 µg/mL*** *foi considerado como boa atividade e* ***12,5 µg/mL*** *foi considerado excelente atividade em comparação com o medicamento padrão griseofulvina.*

2.5 Referências:

1. Sears C; "*Uma parceria dinâmica: Celebrating our gut floraAnaerobe*, 11, 247, **2005.**

2. Barrows W; "*Text Book of Microbiology*W B Saunders Co., Philadelphia, 17th ed, **1959.**

3. http://www.microbiologybytes.com/iandi/3a.html

4. *Woese C R, Kandler O, Wheelis M L; "Towards a natural system of organisms: proposal for the domains Archaea, Bacteria, and Eucarya"; Proc. Natl. Acad. Sci. U.S.A., 87, 4576,* ***1990.***

5. http://www.apsnet.org/education/K-12PlantPathways/TeachersGuide/ Activities/ DNA_Easy/ exerciseepgl.htm

6. Robert C; "*Medical Microbiology*ELBS and E & S; Livingstone, Briton, 11th ed., 895, **1970.**

7. Sujatha G D; *Ind. J. Expt. Biol.*, 13, 286, **1975.**

8. Walksman S A; "*Microbial Antagonism and Antibiotic Substances"*, Common Wealth Fund, Nova Iorque, 2nd ed, 72, **1947.**

9. National Committee for Clinical Laboratory Standard, Reference method for broth dilution antifungal susceptibility testing of yeasts Approved standard M27A. NCCLS, Wayne, PA, **1997.**

MIX
Papier aus verantwortungsvollen Quellen
Paper from responsible sources
FSC® C105338

FSC
www.fsc.org

Printed by Books on Demand GmbH, Norderstedt / Germany